Illustrator图形设计
案例教程

主　编　周俊平

副主编　周俊霞　杨树珍　冯秀荣　王宏艳

参　编　王智广　朱一兵　黄雅欣　杜　鹏

北京理工大学出版社
BEIJING INSTITUTE OF TECHNOLOGY PRESS

内容简介

本书基于 Illustrator 2023 版本，系统且详尽地阐述了该软件的各种功能和工具的使用方法。全书精心设计了 10 个项目，从基础知识入手，逐步深入到复杂的设计技巧，包括卡片设计、标志设计、插画设计、海报设计、UI 设计、广告设计、封面设计、包装设计、网页设计和画册设计。

本书的特点在于其全面性和实用性。本书不仅全面覆盖了 Illustrator 的各项功能，还通过丰富的案例帮助读者将理论知识转化为实际操作能力。同时，本书注重培养读者的设计素养和职业素养，使读者在学习过程中不断提升自己的综合能力和行业竞争力。

本书适合相关领域的从业者学习使用，也可作为计算机技术应用专业、数字媒体专业、计算机平面设计专业等学生的教材。

图书在版编目（CIP）数据

Illustrator 图形设计案例教程 / 周俊平主编.

北京 : 北京理工大学出版社，2025.1.

ISBN 978-7-5763-4902-3

Ⅰ . TP391.412

中国国家版本馆 CIP 数据核字第 2025L37L57 号

责任编辑: 钟 博　　文案编辑: 钟 博
责任校对: 刘亚男　　责任印制: 施胜娟

出版发行 / 北京理工大学出版社有限责任公司

社　　址 / 北京市丰台区四合庄路 6 号

邮　　编 / 100070

电　　话 / （010）68914026（教材售后服务热线）

　　　　　　（010）63726648（课件资源服务热线）

网　　址 / http://www.bitpress.com.cn

版 印 次 / 2025 年 1 月第 1 版第 1 次印刷

印　　刷 / 定州市新华印刷有限公司

开　　本 / 889 mm × 1194 mm　1/16

印　　张 / 12

字　　数 / 252 千字

定　　价 / 85.00 元

前言

在数字经济快速发展的新时代，平面设计作为视觉传达的核心领域，正以其独特的艺术表现力和广阔的应用场景，推动着文化创意产业的繁荣与创新。党的二十大报告强调，要加快建设数字中国，推动文化创意产业高质量发展。Illustrator 作为全球领先的矢量图形设计软件，凭借其强大的功能和灵活的应用，已成为设计师不可或缺的工具，为品牌塑造、广告设计、数字插画等领域提供了无限可能。

Illustrator 是一款功能强大的矢量图形设计软件，广泛应用于标志设计、品牌形象设计、包装设计、UI 设计、数字插画等领域。其精准的绘图工具、丰富的色彩管理系统、智能化的设计功能，以及与 Adobe 系列软件的无缝集成，为用户提供了高效、便捷的设计体验。无论是初学者还是专业设计师，Illustrator 都能帮助用户轻松完成从创意构思到成品输出的全过程。

本书以习近平新时代中国特色社会主义思想为指导，贯彻落实党的二十大精神，推动职业教育与行业需求深度融合，以"能力为本、实践为要"为编写理念，系统讲解了 Illustrator 的核心功能与行业应用。全书以"基础知识—核心技能—综合实战"为主线，设计了 10 个教学项目，结合传统文化与实际产业，并通过综合案例解析平面设计的全流程。

本书建议的教学时长为 60 学时，每个项目的具体学时分配请参考下面的学时分配表。我们相信，通过本书的系统学习，学生将能够熟练掌握 Illustrator 的各项功能，为未来的职业生涯奠定坚实的基础。

项目	课程内容	学时
项目 1	卡片设计——设计龙年明信片	6
项目 2	标志设计——设计"格林灯具"Logo	5
项目 3	插画设计——设计"沙滩"插画	6
项目 4	海报设计——设计"环保宣传"海报	6
项目 5	UI 设计——设计旅游 App 界面	5
项目 6	广告设计——设计"浓情端午"粽子广告	7
项目 7	封面设计——设计《少年科技　星空篇》图书封面	7
项目 8	包装设计——设计"蒙山清茶"包装	6
项目 9	网页设计——设计"非物质文化遗产"网站首页	6
项目 10	画册设计——设计"海鹏食品"画册	6

本书由周俊平担任主编。由于编者水平有限，书中难免存在疏漏和不足之处，敬请广大读者批评指正。

编　者

各项目操作
视频

项目 6　广告设计——设计"浓情端午"粽子广告　/ 84

项目 7　封面设计——设计《少年科技　星空篇》图书封面　/ 104

项目 1

卡片设计——设计龙年明信片

　　卡片设计是一种通过图形、文字、色彩等视觉元素，在有限的空间内传达信息和表达美感的设计形式。它是视觉传达设计的重要分支，旨在为用户提供简洁、直观、易于理解和记忆的视觉体验。卡片的范围非常广泛，包括名片、明信片、贺卡等各种类型。在卡片设计中，设计师需要注重信息的层次感和布局，合理运用色彩、字体、图形等视觉元素，营造出符合设计目的的视觉氛围和风格。

学习目标

【知识目标】

• 掌握 Illustrator 的应用领域和工作界面。

• 理解文件的基本操作，包括新建文件、保存文件和关闭文件等。

• 学习并掌握基本图形的绘制方法。

• 了解对象的基本操作，如移动、缩放、旋转等。

• 掌握填色和描边的设置技巧。

• 学习在 Illustrator 中输入和编辑文本的基本方法。

• 掌握置入外部素材文件的操作流程。

【能力目标】

• 能够独立完成卡片的版式设计。

• 能够运用所学工具绘制和编辑图形元素。

• 能够合理搭配色彩和文本，制作美观且具有创意的卡片。

【素养目标】

• 培养学生的审美情趣和创新能力。

• 提高学生的实践操作能力和解决问题的能力。

知识点1　Illustrator的应用领域

Illustrator 是由 Adobe 公司打造的一款矢量绘图软件。它被广泛应用于多个设计领域，包括但不限于商标设计、插画设计、海报设计、画册设计、VI 设计、包装设计以及 UI 设计。Illustrator 提供了丰富的绘图工具和功能，使设计师可以自由地发挥创意，轻松地制作高质量的设计作品。无论是商标设计中的形状、大小和颜色的设置，还是插画创作中的色彩搭配和图形绘制，抑或海报设计中的文案排版和视觉效果，Illustrator 都能提供强大的支持。

1. 商标设计

商标是品牌形象的重要组成部分，它通过独特的标志和符号来区分不同的商品或服务。利用 Illustrator，设计师可以根据自己的创意，自由调整形状、大小和颜色等外观参数，无论放大还是缩小图形，商标都能保持清晰度和独特性。Illustrator 使商标设计更加灵活和高效，同时为品牌形象的打造提供了强大的支持。图 1–1 所示为商标设计案例。

2. 插画设计

插画，又称为插图，是一种通过手绘、鼠绘或板绘等形式创作的图画。Illustrator 提供了强大的绘图功能和丰富的色彩选项，使设计师可以轻松绘制各种类型的插画，如出版物插图、卡通图案、漫画、绘本、贺卡、挂历、装饰画等。无论是细节的描绘还是色彩的搭配，Illustrator 都能让插画作品呈现极高的品质和艺术感。图 1–2 所示为插画设计案例。

图 1–1

图 1–2

3. 海报设计

海报是传递信息的艺术形式，通过图形、色彩和构图的巧妙运用，产生强烈的视觉冲击力，有效地传播信息。利用 Illustrator 卓越的绘图功能、优秀的文案排版功能和灵活的变形功能，设计师可以创作出各类海报，包括促销海报、宣传海报和公益海报等。图 1–3 所示为海报设计案例。

4. 画册设计

画册是一种重要的广告媒介，它通过展示企业或品牌的形象、风貌、文化和产品特点，塑造独特的品牌形象。在 Illustrator 中，设计师可以利用画板工具创建多页面文件，并使用文字工具和路径文字工具进行图文混排。通过精美的设计和创意，画册可以有效地传达企业或品牌的形象和信息。图 1-4 所示为画册设计案例。

图 1-3 　　　　　　　　　　　　　　　图 1-4

5. VI 设计

VI（Visual Identity）设计，也称为企业视觉识别系统设计，是一种全面而精准的设计策略。它的核心目标在于明确地传达企业的理念、形象和文化，通过系统的设计手法，对企业的各类视觉元素进行整合和规划，包括产品包装、企业 Logo 以及内部环境等各个方面。VI 设计的价值在于为企业塑造一个鲜明且积极的形象，使其在市场竞争中脱颖而出。图 1-5 所示为 VI 设计案例。

6. 包装设计

包装设计是一门综合性的艺术，它涉及多个领域的知识和技能。首先，设计师需要了解包装材料的特点和性能，以便选择最合适的材料来保护和展示产品。其次，设计师需要深入了解产品的特性和消费者的需求，以便设计出符合消费者口味的包装。同时，为了提高产品的品牌价值和吸引力，对包装上的文字、图案、色彩等元素也需要进行精心的设计和编排。利用 Illustrator 的绘图、文字特效、色彩搭配和画面布局等功能，设计师可以快速高效地完成包装设计工作，并创作出令人惊叹的作品。图 1-6 所示为包装设计案例。

图 1-5 　　　　　　　　　　　　　　　图 1-6

7. UI 设计

UI（User Interface）设计，也称为用户界面设计，是针对软件人机交互、操作逻辑以及整体美观性的设计过程。它包括软件界面、App 界面以及网站界面等多种类型的设计。在实现界面元素的设计和排版时，Illustrator 的绘图、上色、矢量效果和对齐等功能使设计师能够更快速、高效地完成设计任务，同时能够保证设计的品质和精准度。图 1-7 所示为 UI 设计案例。

图 1-7

知识点2　　Illustrator 2023工作界面

本书基于 Illustrator 2023 进行讲解，其工作界面由菜单栏、标题栏、工具箱、面板、页面区域和状态栏多个部分组成，如图 1-8 所示。熟悉这些组成部分的功能和使用方法，有助于设计师更好地使用 Illustrator 进行各种设计工作。下面介绍其中几个重要的组成部分。

图 1-8

1. 菜单栏

Illustrator 2023 的菜单栏包括"文件""编辑""对象""文字""选择""效果""视图""窗口"和"帮助"9 个菜单按钮。单击菜单按钮将打开其对应的菜单，在其中包括了多条菜单命令，某些菜单还包含子菜单，如图 1-9 所示。菜单命令的左侧显示了该菜单命令的名称，一些较为常用的菜单命令右侧显示其快捷键，选择某菜单命令或按与其对应的快捷键，可以执行相同的操作。如果菜单命令右侧为"…"，则表示选择该命令后将打开一个对话框。

图 1-9

2. 工具箱

工具箱中包含大量绘图工具，如图 1-10 所示，使用这些工具可以绘制各种不同类型的图形，或对图形进行各种形式的编辑。工具箱的常用操作如下。

（1）切换单双列显示。工具箱默认为单列显示，单击工具箱左上角的 ▸▸ 按钮，可切换为双列显示，如图 1-11 所示，再次单击该按钮将切换回单列显示。

（2）展开工具组。工具箱中部分工具的右下角有一个 ◢ 按钮，表示这是一个工具组，在该按钮上按住鼠标左键不放可展开工具组，如图 1-12 所示。单击工具组右侧的 ▸ 按钮，可将工具组从工具箱中分离出来，成为一个单独的工具栏，如图 1-13 所示。

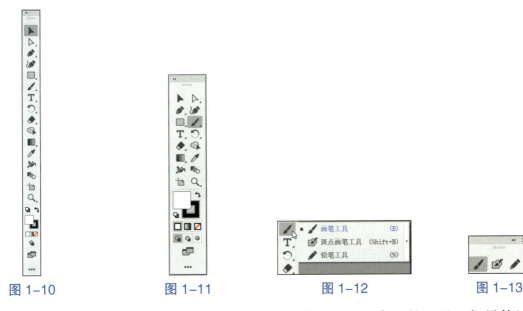

图 1-10　　　　　图 1-11　　　　　图 1-12　　　　　图 1-13

（3）编辑工具箱。在默认情况下，工具箱中的值显示了最常用的工具，如果使用没有显示的工具，可以单击 ⋯ 按钮，打开"所有工具"面板，如图 1-14 所示，在其中选择所要使用的工具。也可以从"所有工具"面板中拖动某个工具到工具箱中，将其添加到工具箱中，如图 1-15 所示。

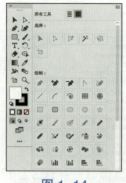

图 1-14

图 1-15

3. 面板

Illustrator 中有很多面板，它们具有各种不同的功能和作用，在工作界面右侧默认显示"属性""图层"和"库"3 个面板，如果要使用其他面板，可以在"窗口"菜单中选择相应的菜单命令，如图 1-16 所示。面板的常用操作如下。

（1）展开和折叠面板。单击面板右上角的"展开" ◀◀ 按钮可展开面板，如图 1-17 所示。此时右上角的"展开"按钮 ◀◀ 变为"折叠"按钮 ▶▶，单击该按钮可折叠面板。

（2）调整浮动面板的位置和大小。除停靠在工作界面右侧的面板外，其他面板都是浮动面板，可以拖动浮动面板上方的横条，调整浮动面板的位置。将鼠标移动到浮动面板的两侧或底部，拖动鼠标可以调整浮动面板的宽度或高度，如图 1-18 所示。

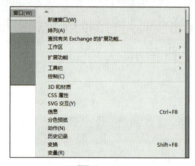

图 1-16

图 1-17

图 1-18

4. 状态栏

状态栏位于工作界面的下方，如图 1-19 所示，其中各选项的作用如下。

图 1-19

（1）缩放比例。显示画面的缩放比例，以及调整画面的缩放比例。

（2）旋转视图。显示视图的旋转角度，以及调整视图的旋转角度。

（3）画板导航。显示当前的画板编号，以及切换到其他画板。

（4）信息显示区。显示各种不同的信息，默认显示当前使用的工具名称，单击右侧的按钮，在打开菜单中可以选择其他要显示的内容，如图 1-20 所示。

图 1-20

知识点3　文件的基本操作

1. 新建文件

选择"文件→新建"命令（或按"Ctrl+N"组合建），打开"新建文档"对话框。在上方的选项卡中选择文件的类型，然后选择一种预设，在"预设详细信息"栏中可以看到该预设的详细设置信息，用户可以根据需要进行修改，然后单击 创建 按钮，即可新建一个文件，如图 1-21 所示。

2. 打开文件

选择"文件→打开"命令（或按"Ctrl+O"组合键），打开"打开"对话框，在其中选择要打开的文件，单击 打开 按钮，即可打开选择的文件，如图 1-22 所示。

图 1-21

图 1-22

3. 保存文件

选择"文件→存储"命令（或按"Ctrl+S"组合键），打开"存储为"对话框，在其中设置保存文件的位置、类型，并输入文件名，然后单击 保存(S) 按钮，即可保存文件，如图 1-23 所示。

对于一个已经保存的文件或打开的文件，选择"文件→存储"命令，将不打开"存储为"对话框，而直接保存文件，并覆盖原先保存的文件。如果想保留原先保存的文件，可以选择"文件→存储为"命令（或按"Ctrl+Shift+S"组合键），在打开的"存储为"对话框中更改文件的路径或文件名，再单击 保存(S) 按钮进行保存即可。

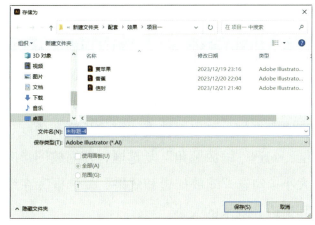

图 1-23

4. 关闭文件

选择"文件→关闭"命令（或按"Ctrl+W"组合键），可关闭当前文件，也可以单击标题栏中的"关闭"按钮 × 关闭文件。如果当前文件被修改过，则在关闭文件时会打开一个提示对话框，如图 1-24 所示。单击 是 按钮，将先保存文件，再关闭文件；单击 否 按钮，将不保存文件，直接关闭文件；单击 取消 按钮，将取消关闭文件的操作。

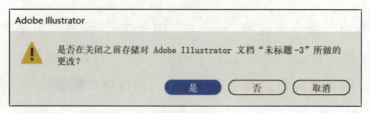

图 1-24

知识点4　绘制基本图形

1. 使用直线段工具

选择"直线段工具" ，然后在画面中拖动鼠标，可以绘制直线段，如图 1-25 所示。在拖动鼠标的过程中，按住"Shift"键不放，可以绘制水平、垂直、45°或 135°的直线段，如图 1-26 所示。选择"直线段工具" ，然后在画面中单击，打开"直线段工具选项"对话框，设置直线段的长度和角度后，单击 确定 按钮，可在单击位置处绘制指定长度和角度的直线段，如图 1-27 所示。

图 1-25　　　　　　　　　图 1-26　　　　　　　　　图 1-27

选择"窗口→变换"命令或按"Shift+F8"组合键打开"变换"面板，如图 1-28 所示。"变换"面板分为 3 部分。第 1 部分的内容对于所有图形对象都是相同的，用于调整图形的位置、大小、旋转角度和倾斜角度。第 2 部分的内容为当前选择的图形对象所特有的，对于直线段来说，可以调整直线段的长度和角度。第 3 部分包含两个复选框，勾选"缩放圆角"复选框，在缩放图形时，将同步缩放其圆角的大小；勾选"缩放描边和效果"复选框，在缩放图形时，将同步缩放其描边和效果的大小。

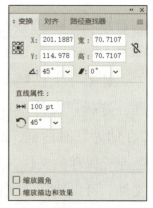

图 1-28

2. 使用矩形工具

选择"矩形工具" ，然后在画面中拖动鼠标绘制矩形，如图 1-29 所示。在拖动鼠标的过程中，按住"Shift"键不放，可绘制正方形，如图 1-30 所示。选择"矩形工具" ，然后在画面中单击，打开"矩形"对话框，设置矩形的宽度和高度后，单击"确定"按钮，可在单击位置处绘制指定宽度和高度的矩形，如图 1-31 所示。

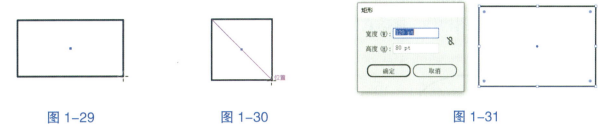

图 1-29　　　　　　　　　　图 1-30　　　　　　　　　　　　图 1-31

绘制好矩形后，向内拖动 4 个角上的任意一个边角构件◎，可将矩形变为圆角矩形，如图 1-32 所示。在默认情况下 4 个边角构件的大小是相同的，如果要单独改变某个边角构件的大小，可以先单击该边角构件，使其由实心点◎变为空心点◎，此时拖动该边角构件，将只改变这个边角构件的大小，如图 1-33 所示。

图 1-32　　　　　　　　　　　　　　　　　图 1-33

打开"变换"面板，在 4 个"边角半径"数值框中可以精确设置 4 个边角构件的大小，如图 1-34 所示。在"变化"面板中单击"边角类型"下拉按钮，在打开的下拉列表中可以选择边角类型，有"圆角"◣、"反向圆角"◢和"倒角"◢ 3 个选项，如图 1-35 所示。

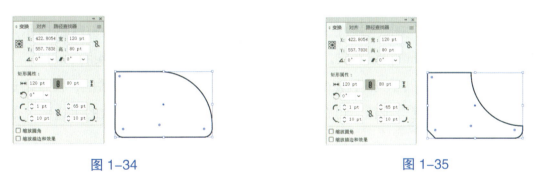

图 1-34　　　　　　　　　　　　　　　图 1-35

3. 使用椭圆工具

选择"椭圆工具"◯.，然后在画面中拖动鼠标绘制椭圆，如图 1-36 所示。在拖动鼠标的过程中，按住"Shift"键不放，可绘制圆，如图 1-37 所示。选择"椭圆工具"◯.，然后在画面中单击，打开"椭圆"对话框，设置椭圆的宽度和高度后，单击"确定"按钮，可在单击位置处绘制指定宽度和高度的椭圆，如图 1-38 所示。

图 1-36　　　　　　　　　　图 1-37　　　　　　　　　　　　图 1-38

绘制好椭圆后，拖动椭圆右侧的饼图构件 ⊛，可将椭圆变为饼图，如图 1-39 所示。绘制好的饼图有两个饼图构件，拖动它们可分别调整饼图的起点角度和终点角度，如图 1-40 所示。

图 1-39   图 1-40

打开"变换"面板，在其中的"饼图起点角度" 🐦 和"饼图终点角度" 🐦 数值框中可以精确控制饼图的起点角度和终点角度，如图 1-41 所示。单击"反转饼图" ⇄ 按钮，可以交换饼图的起点角度和终点角度，如图 1-42 所示。

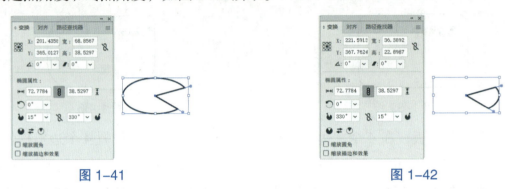

图 1-41   图 1-42

4. 使用多边形工具

选择"多边形工具" ⬡，然后在画面中拖动鼠标绘制多边形，如图 1-43 所示。在拖动鼠标的过程中，按住"Shift"键不放，可绘制水平的多边形，如图 1-44 所示。

选择"多边形工具" ⬡，然后在画面中单击，打开"多边形"对话框，设置多边形的半径和高度后，单击"确定"按钮，可在单击位置处绘制指定半径和边数的多边形，如图 1-45 所示。

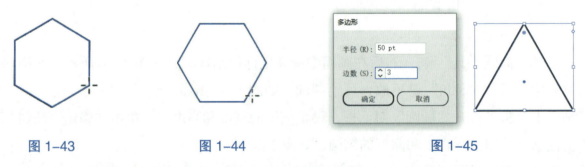

图 1-43   图 1-44   图 1-45

将鼠标移动到控件右侧的 ◇ 控制点上，鼠标指针变为 ↴，向下拖动鼠标可增加边数，最大为 11，向上拖动鼠标可减少边数，最小为 3，如图 1-46 所示。

选择绘制好的多边形，打开"变换"面板。拖动"多边形边数" ⬡ 滑块可以调整多边形的边数，最大为 20，如图 1-47 所示。在其后的数值框中可将多边形的边数最大设置为 1 000，如图 1-48 所示。

图 1-46   图 1-47   图 1-48

 提示 　在多边形上显示了一个边角控件，拖动它可以调整所有边角的大小。也可以在"变换"面板中通过"边角类型"下拉按钮和"边角大小"数值框来设置所有边角的类型和大小。

5. 使用星形工具

选择"星形工具" ⚝，然后在画面中拖动鼠标绘制星形，如图 1-49 所示。在拖动鼠标的过程中，按住"Shift"键不放，可绘制水平星形，如图 1-50 所示。

选择"星形工具" ⚝，然后在画面中单击，打开"星形"对话框，设置星形的半径 1、半径 2 和角点数后，单击"确定"按钮，可在单击位置处绘制指定大小和边数的星形，如图 1-51 所示。

图 1-49   图 1-50   图 1-51

知识点5　对象的基本操作

1. 选择对象

1）使用选择工具

选择"选择工具" ▶，然后单击一个对象，即可选择该对象，选择的对象周围会出现一个矩形框，在矩形框上有 8 个控制点，拖动这些控制点可以调整对象的大小，如图 1-52 所示。选择"选择工具" ▶，然后在画面中拖动鼠标，在画面中会出现一个灰色的矩形框，释放鼠标后，所有被灰色的矩形框框住的对象都会被选择，如图 1-53 所示。

图 1-52   图 1-53

2）使用直接选择工具

选择"直接选择工具" ▷，单击某个组合对象内部的对象，可以直接选择该对象，而不用打开组合对象，如图 1-54 所示。此时拖动鼠标可移动对象的位置。

选择"直接选择工具" ▷，将鼠标移动到要选择对象的某条路径上，鼠标指针会显示"路径"二字，单击可以选择这段路径，如图 1-55 所示。拖动该路径，可以调整其形状，如图 1-56 所示。

图 1-54   图 1-55   图 1-56

选择"直接选择工具" ▷，将鼠标移动到要选择对象的某个锚点上，鼠标指针会显示"锚点"二字，单击可以选择这个锚点，被选择的锚点为实心点，对象上的其他锚点为空心点，如图 1-57 所示。按住"Shift"键不放并单击锚点，或通过鼠标框选的方式，可以选择多个锚点，如图 1-58 所示。拖动选择的锚点，可移动锚点的位置，如图 1-59 所示。

图 1-57   图 1-58   图 1-59

选择"直接选择工具" ▷，选择图形中的多条路径和锚点，选择部分有拐角的位置都会显示一个边角控制点，如图 1-60 所示。拖动边角控制点可以修改边角的大小，如图 1-61所示。双击某个边角控制点，打开"边角"对话框，如图 1-62 所示，在其中可以设置该边角的类型和大小。

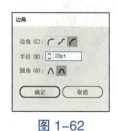

图 1-60   图 1-61   图 1-62

2. 移动对象

选择"选择工具" ▶，选择并拖动对象，即可移动对象的位置。在拖动时按住"Shift"键不放，可以水平、垂直、向 45° 或 135° 方向移动对象。

3. 缩放对象

选择"选择工具" ▶，选择要缩放的对象，在对象的周围将显示 8 个控制点。拖动上、下两个控制点可以调整对象的高度，如图 1-63 所示。拖动左、右两个控制点可以调整对象的宽度，如图 1-64 所示。拖动 4 个角的控制点，可以同时调整对象的宽度和高度，如图 1-65 所示。按住"Shift"键不放，拖动任意一个控制点可等比例缩放对象。

图 1-63　　　　　　　　　图 1-64　　　　　　　　　图 1-65

4. 复制对象

选择要复制的对象，按"Ctrl+C"组合键复制，然后按"Ctrl+V"组合键粘贴，即可复制对象。选择"选择工具" ▶，按住"Alt"键不放，拖动要复制的对象到指定位置后，释放鼠标可以复制对象，如图 1-66 所示。

5. 旋转对象

选择"选择工具" ▶，选择要旋转的对象，将鼠标移动到任意一个控制点附近，当鼠标指针变为↰时，拖动鼠标可以旋转对象，如图 1-67 所示。按住"Shift"键不放，拖动鼠标，可以按 45° 的倍数旋转对象。

图 1-66　　　　　　　　　　　　　图 1-67

知识点6　填色和描边

工具箱下方的颜色区域（图 1-10）可以设置图形的填色和描边。其中各按钮 / 色块的作用如下。

（1）"默认填色和描边"按钮 ：单击该按钮，会将填色设置为白色，将描边设置为黑色。

（2）"互换填色和描边"按钮 ：单击该按钮，将交换填色和描边的颜色。

（3）"填色"色块 ：单击该色块，将打开"颜色"面板，如图 1-68 所示，在其中可以设置图形的填色。双击该色块，将打开"拾色器"对话框，如图 1-69 所示，在其中可以设置图形的填色。

（4）"描边"色块 ：单击该色块，将打开"颜色"面板，在其中可以设置图形的描边颜色。双击该色块，将打开"拾色器"对话框，在其中可以设置图形的描边颜色。

（5）"颜色"色块 ：单击该色块，将打开"颜色"面板，在其中可以设置图形的填色或描边颜色。

（6）"渐变"色块 ：单击该色块，将打开"渐变"面板，如图 1-70 所示，在其中可以将图形的填色或描边颜色设置为渐变色。

（7）"无"色块 ：单击该色块，可以将图形的填色或描边颜色设置为无。

图 1-68

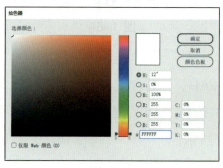

图 1-69

图 1-70

知识点7　输入文本

1. 输入文本

选择"文字工具" ，在要输入文本的位置单击，系统会自动输入示例文本，直接输入文本，即可创建横排文本，如图 1-71 所示。

选择"直排文字工具" ，在要输入文本的位置单击，系统会自动输入示例文本，直接输入文本，即可创建直排文本，如图 1-72 所示。

图 1-71

图 1-72

2. 设置文本格式

选择"窗口→文字→字符"命令（或按"Ctrl+T"组合键），打开"字符"面板，在其中可以设置文本的字符格式，如图1-73所示。

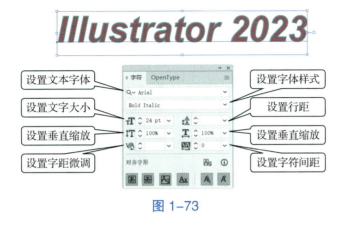

图1-73

知识点8　置入素材文件

选择"文件→置入"命令，打开"置入"对话框，选择要置入的素材文件，单击 置入 按钮，即可将选择的素材文件置入当前文件，如图1-74所示。

图1-74

>>> 项目实施

1. 解析设计思路与设计方案

本项目的目标是设计龙年明信片。明信片作为一种特殊的邮件，具有固定尺寸和格式。我国明信片标准尺寸最大为150 mm×100 mm，最小为140 mm×90 mm。明信片中的固定内容包括：①左上角的6个小正方形，用于填写邮政编码；②右上角的邮票；③左下角的"邮政编码："文本。中间大部分区域留给用户书写内容，因此在设计明信片时，通常采用白色背景或很浅的底纹，只在左下角添加图案。

本项目的最终效果如图 1-75 所示，具体步骤如下。

（1）新建一个 150 mm×100 mm 的文件，并在左上角绘制 6 个正方形，在右下角输入"邮政编码："文本。

（2）载入邮票和龙素材文件，并调整大小和位置。

图 1-75

2. 新建文件并制作基本内容

（1）启动 Illustrator 2023，选择"文件→新建"命令，打开"新建文档"对话框，设置文件名为"龙年明信片"，宽度为"150 mm"，高度为"100 mm"，颜色模式为"RGB 原色"，单击 创建 按钮，如图 1-76 所示。

（2）选择"矩形工具" ▢，将鼠标移动到画面左上角，然后拖动鼠标至画面右下角，绘制一个和画面大小相同的矩形。

（3）在画面中单击，打开"矩形"对话框，设置宽度和高度都为"5 mm"，

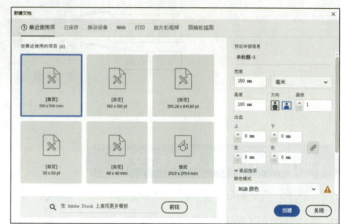

图 1-76

如图 1-77 所示，单击 确定 按钮，绘制一个边长为 5 mm 的正方形。

（4）选择"窗口→变换"命令，打开"变换"面板，将正方形的 X 坐标设置为"15 mm"，Y 坐标设置为"10 mm"，如图 1-78 所示。

（5）在"工具箱"中单击"描边"色块 ▣，打开"颜色"面板，在其中将颜色设置为红色"R：255，G：0，B：0"，如图 1-79 所示。

图 1-77

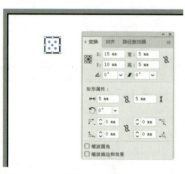

图 1-78

图 1-79

（6）复制 5 个正方形，并在"变换"面板中设置它们的 Y 坐标都为"10 mm"，X 坐标分别为"22 mm""29 mm""36 mm""43 mm""50 mm"，如图 1-80 所示。

（7）选择"文字工具" T，并在画面右下角单击，输入"邮政编码："文本。选择"窗口→文字→字符"命令，打开"字符"面板，设置字体为"宋体"，文字大小为"10 pt"，如图 1-81 所示。

图 1-80

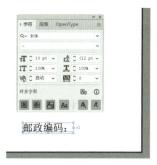

图 1-81

3. 置入素材文件并调整大小和位置

（1）选择"文件→置入"命令，打开"置入"对话框，选择"龙 .png"（素材 / 项目 1/"龙 .png"）和"邮票 .ai"（素材 / 项目 1/"邮票 .ai"）文件，取消勾选"链接"复选框，单击"置入"按钮，置入素材文件，如图 1-82 所示。

（2）在"变换"面板中调整"龙"图形的宽度为 70 mm，高度为 70 mm，并移动到画面的左下角，如图 1-83 所示。

（3）在"变换"面板中调整"邮票"图形的宽度为 20 mm，高度为 20 mm，并移动到画面的右上角，如图 1-84 所示。

图 1-82

图 1-83

图 1-84

（4）选择"文件→存储"命令（或按"Ctrl+S"组合键），打开"存储为"对话框，选择保存路径，如图 1-85 所示，单击 保存(S) 按钮，保存文件（效果 / 项目 1/"龙年明信片 .ai"）。

图 1-85

梅、兰、竹、菊是中国传统四君子，被誉为中国文化的象征之一。梅花是四君子之首，以其傲骨铮铮、不畏严寒的品质而著名。兰花则以其高雅、清新的气质而备受赞誉。竹子是一种坚韧、挺拔的植物，其形象常常被用来形容人的品质。菊花是一种代表秋天的花卉，以其淡雅、清新的气质而著名。本课后练习制作"梅""兰""竹""菊"4 张书签。在图案设计方面，每张书签分别以"梅""兰""竹""菊"为主题，通过精细的线条勾勒和适当的色彩渲染，展现梅、兰、竹、菊的独特魅力。此外，每张书签上应分别写上与梅、兰、竹、菊相关的诗句，这些诗句不仅赋予书签更深层次的文化内涵，同时增添了艺术美感。书签效果如图 1-86 所示（素材 / 效果 / 项目 1/"梅 .ai""兰 .ai""竹 .ai""菊 .ai"，效果 / 项目 1/"梅兰竹菊 .ai"）。

图 1-86

 **矢量图与位图的区别**

矢量图是一种由点组成的直线或曲线所构成的图形，也称为向量图。矢量图中的点和线称为对象，每个对象都是一个单独的个体，具有大小、方向、轮廓、颜色和位置等属性。矢量图广泛应用于插画、Logo、版式和 UI 等设计领域。矢量图的一个显著优势是它可以被无限放大或缩小而不影响清晰度，这种灵活性使矢量图非常适合高分辨率印刷。此外，矢量图

文件通常较小，这使其在网络中传输或存储时更加高效。图 1-87 所示为一张苹果矢量图的原图以及放大 400% 后的效果。可以看到，即使在放大后，矢量图的细节和清晰度仍然保持不变。

位图能够逼真地显示物体的光影和色彩，给人们带来极佳的视觉效果。位图的品质取决于其像素的数量，也就是分辨率。位图的单位面积内的像素越多，其分辨率就越高，其文件也就越大，图像效果自然也就越好。然而，位图也存在一些问题。当放大位图时，图像可能模糊或者失真。这是因为位图的每个像素都有固定的位置和大小，当将位图放大时，像素无法改变大小，只能通过插值等方法来近似表示图像，这就导致图像质量的下降。图 1-88 所示为一张苹果位图的原图以及放大 400% 后的效果。可以看到，位图在放大后，清晰度明显下降。

图 1-87 　　　　　　　　　　　　　图 1-88

项 目 2

标志设计——设计"格林灯具"Logo

在设计标志时,需要遵循一些基本的设计规则和要求。这是因为标志是品牌形象的代表,必须能够体现品牌的个性和特点。为了设计出符合要求的标志,设计师需要深入了解产品特性、市场需求和大众审美,以便设计出符合市场需求的标志。同时,设计师还需要学习标志的构成和表现形式等方面的知识,以便更好地掌握标志设计的技巧和精髓。只有这样,才能设计出真正符合品牌形象的标志。

▶ 学习目标

【知识目标】

• 掌握路径查找器和"描边"面板的使用方法。

• 理解对象的排列、对齐与分布操作。

• 学习编组、锁定与隐藏对象的功能。

• 了解标尺、参考线与网格的辅助设计作用。

• 掌握文本转换为路径和轮廓化描边的技巧。

【能力目标】

• 能够根据企业特色设计出符合品牌形象的 Logo。

• 能够熟练运用工具对 Logo 进行精细化调整。

【素养目标】

• 培养学生的品牌意识和设计理念。

• 提高学生的专业设计能力和创新思维。

>>> 项目知识

XIANGMU ZHISHI

知识点1　路径查找器

使用路径查找器可以按不同的方式对多个图形进行组合，选择"窗口→路径查找器"命令（或按"Shift+Ctrl+F9"组合键），打开"路径查找器"面板，如图 2-1 所示。其中各选项的效果如图 2-2 所示。

图 2-1

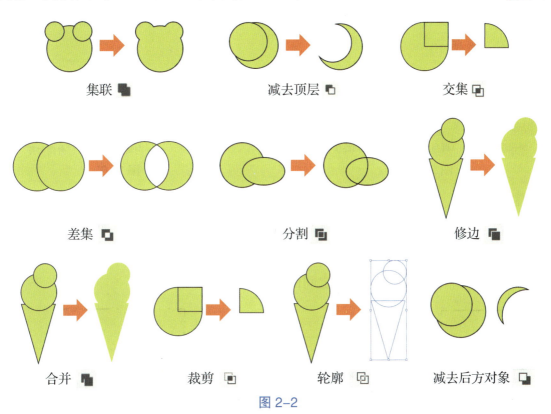

集联　　　　　　　减去顶层　　　　　　　交集

差集　　　　　　　分割　　　　　　　修边

合并　　　　裁剪　　　　轮廓　　　　减去后方对象

图 2-2

提示　　　　"修边"和"合并"看起来效果一样，但"修边"生成的是由多个图形组成的组合对象，而"合并"生成的是单一的图形对象。"交集"和"裁剪"看起来效果一样，但"交集"生成的是单一的图形对象，而"裁剪"生成的是由多个图形组成的组合对象。

知识点2　"描边"面板

选择"窗口→描边"命令（或按"Ctrl+F10"组合键），打开"描边"面板。在其中可以设置图形描边样式。"描边"面板中各参数的作用如下。

（1）粗细：用于设置描边的宽度，如图 2-3 所示。

（2）端点：用于设置描边各线段的首端和尾端的形状样式，包括平头端点、圆头端点和方头端点 3 种样式，如图 2-4 所示。

图 2-3　　　　　　　　　　　　　　　　图 2-4

（3）边角：用于设置描边的拐角连接方式，有斜接连接、圆角连接和斜角连接 3 种连接方式，如图 2-5 所示。设置斜接连接后，将激活"限制"数值框，用于设置斜角的长度，即描边沿路径改变方向时伸展的长度。

（4）对齐描边：设置描边与路径的对齐方式，有居中对齐、内侧对齐和外侧对齐 3 种对齐方式，如图 2-6 所示。

图 2-5　　　　　　　　　　　　　　　　图 2-6

（5）虚线：勾选"虚线"复选框，可以将描边设置为虚线，虚线有"保留虚线和间隙的精确长度"和"使虚线与边角和路径终端对齐，并调整到适合长度"两种绘制方式，如图 2-7 所示。"虚线"复选框下方有 6 个数值框，其中，"虚线"数值框用于设置每条虚线段的长度，"间隙"数值框用来设定虚线段之间的距离，如图 2-8 所示。

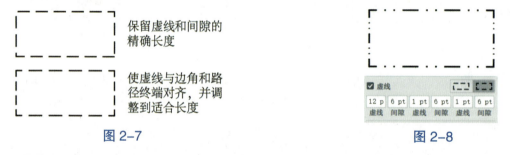

图 2-7　　　　　　　　　　　　　　　　图 2-8

（6）箭头：在其后的两个下拉列表中可以设置路径起点或终点箭头样式，如图 2-9 所示。

（7）缩放：为线条设置箭头后被激活，在其后的两个数值框中可以设置路径起点或终点箭头大小，如图 2-10 所示。

图 2-9　　　　　　　　　　　　　　　　图 2-10

（8）对齐：为线条设置箭头后被激活，可以设置箭头与路径终点的对齐方式，有"扩展到路径终点外"和"放置于路径终点处"两种方式，如图2-11所示。

（9）配置文件：可以为路径添加各种不同的粗细变化效果，如图2-12所示。

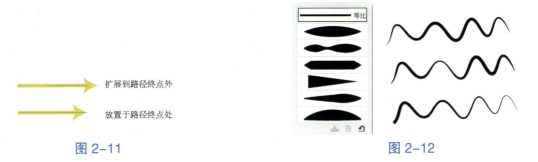

扩展到路径终点外

放置于路径终点处

图 2-11　　　　　　　　　　　　　　　　图 2-12

知识点3　排列对象

多个对象之间存在堆叠关系，后绘制的对象会覆盖先绘制的对象，但在实际操作中，往往需要改变对象之间的堆叠顺序。选择"对象→排列"命令，其子菜单包括5个排列命令，如图2-13所示。使用这些排列命令或按对应的快捷键可以改变对象间的堆叠顺序。图2-14所示为将树干置于顶层的排列效果。

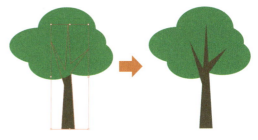

图 2-13　　　　　　　　　　　　　　　　图 2-14

提示　选择需要排列的对象后，在对象上单击鼠标右键，在弹出的快捷菜单中选择"排列"子菜单中的命令也可以排列对象。

知识点4　对齐与分布对象

选择"窗口→对齐"命令（或按"Shift+F7"组合键），打开"对齐"面板，如图2-15所示，在其中可以快速对齐与分布多个对象。

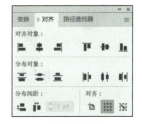

1. 对齐对象

在"对齐"面板的"对齐对象"栏中包含"水平左对齐"按钮、"水平居中对齐"按钮、"水平右对齐"按钮、"垂直顶对齐"按钮

图 2-15

、"垂直居中对齐"按钮、"垂直底对齐"按钮6个按钮，单击某个按钮可以对选择的多个对象进行相应的对齐操作，效果如图2-16所示。

图 2-16

2. 分布对象

在"对齐"面板的"对齐对象"栏中包含"垂直顶分布" ▤ 按钮、"垂直居中分布" ▤ 按钮、"垂直底分布" ▤ 按钮、"水平左分布" ▥ 按钮、"水平居中分布" ▥ 按钮、"水平右分布" ▥ 按钮。单击某个按钮可以对选择的多个对象进行相应的分布操作，效果如图 2-17 所示。

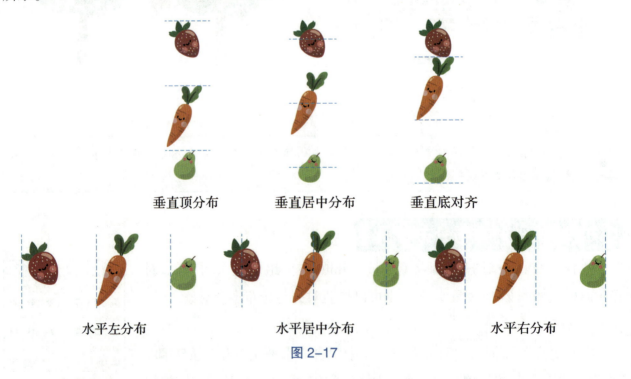

图 2-17

3. 分布间距

在"对齐"面板的"分布间距"栏中可以对多个选择的对象进行等间距分布操作，单击"垂直分布间距"按钮 ▤ 可以使选择的对象在垂直方向上等间距分布，如图 2-18 所示。单击

"水平分布间距"按钮 ⊞ ，可以使选择的对象在水平方向上等间距分布，如图 2-19 所示。

选择多个对象后，再单击其中一个对象，可以将该对象设置为关键对象，此时"分布间距"栏中的数值框被激活，在其中输入一个数值后，单击"垂直分布间距"按钮 ⊞ ，可以以关键对象为基准，在垂直方上按指定间距分布对象，如图 2-20 所示。单击"水平分布间距"按钮 ⊞ ，可以以关键对象为基准，在水平方上按指定间距分布对象，如图 2-21 所示。

图 2-18　　　　　　图 2-19　　　　　　图 2-20　　　　　　图 2-21

4. 对齐

"对齐"面板的"对齐"栏用于设置对齐的参考对象，有"对齐画板" ▯ 按钮、"对齐所选对象" ▦ 按钮和"对齐关键对象" ▦ 按钮 3 个按钮。默认单击"对齐所选对象" ▦ 按钮，即以选择的对象作为参考进行分布和对齐；单击"对齐画板" ▯ 按钮，将以画板为参考进行分布和对齐；单击"对齐关键对象" ▦ 按钮，将以设置的关键对象为参考进行分布和对齐。

知识点5　编组、锁定与隐藏对象

编组对象、锁定对象、隐藏对象是常用的对象管理方式，可通过执行"编组""锁定""隐藏"命令来实现。

1. "编组"命令

编组对象的目的在于方便地选取多个相关的对象。选取要编组的对象，选择"对象→编组"命令（或按"Ctrl+G"组合键），将选取的对象组合。编组对象后，选择其中任何一个对象，其他对象也会同时被选取。选择对象后，选择"对象→取消编组"命令（或按"Shift+Ctrl+G"组合键）可以取消编组。当设计作品中的对象数量较多时，可分类、分级地多次编组。

2. "锁定"命令

锁定对象的目的是防止对对象进行误操作。选取要锁定的对象，选择"对象→锁定→所选对象"命令（或按"Ctrl+F2"组合键）锁定所选对象。锁定对象后，无法对对象进行选择、移动等操作。选择"对象→锁定→上方所有图稿"命令可以锁定对象上层所有图稿，选择"对象→锁定→其他图层"命令可以锁定除所选对象所在图层以外的其他图层。

如果要解锁所有对象，可以选择"对象→全部解锁对象"命令（或按"Alt+Ctrl+F2"组合键）解锁。如要解锁单个对象，可在该对象上单击鼠标右键，在打开的快捷菜单中选择

图 2-22

"解锁"子菜单中的命令进行解锁，命令的名称为当前对象的类型，如图 2-22 所示。

3."隐藏"命令

隐藏对象的目的在于保持画板整洁，以及方便预览效果。选取要隐藏的对象，选择"对象→隐藏→所选对象"命令（或按"Ctrl+F3"组合键）隐藏所选对象。隐藏对象后，对象无法显示。选择"对象→隐藏→上方所有图稿"命令可以隐藏对象上层所有图稿，选择"对象→锁定→其他图层"命令可以隐藏其他图层。

如果要显示隐藏的对象，可以选择"对象→显示全部"命令（或按"Alt+Ctrl+F3"组合键）。

知识点6　标尺、参考线与网格

利用标尺、参考线和网格等工具可以帮助设计师精确定位所绘制和编辑的图形。

1.标尺

选择"视图→标尺→显示标尺"命令（或按"Ctrl+R"键）可显示标尺。在标尺上单击鼠标右键，在弹出的快捷菜单中可以更改单位，如图 2-23 所示。选择"编辑→首选项→单位"命令，打开"首选项"对话框，在"常规"选项的下拉列表中可以设置标尺的单位，如图 2-24 所示。

图 2-23

图 2-24

提示　　　在默认情况下，标尺的坐标原点在画面的左上角，如果要更改坐标原点的位置，使用鼠标拖动水平标尺与垂直标尺的交点到所需的位置，然后释放鼠标就可以将坐标原点移动到该位置。如果要恢复标尺坐标原点的默认位置，只需双击水平标尺与垂直标尺的交点。

2.参考线

设计师可以根据标尺、路径创建参考线，也可以启用智能参考线，具体方法如下。

（1）利用标尺创建参考线：将鼠标指针移至水平或垂直标尺上，然后朝画板方向拖动鼠标可创建水平或垂直参考线。

（2）利用路径创建参考线：选择"视图→参考线→建立参考线"命令（或按"Ctrl+F5"组合键），可以将选中的路径转换为参考线，如图 2-25 所示。选择"视图→参考线→释放参考线"命令（或按"Alt+Ctrl+F5"组合键），可以将选中的参考线转换为路径。

（3）启用智能参考线：选择"视图→智能参考线"命令（或按"Ctrl+U"组合键），可以启用智能参考线。在创建、移动或编辑图形时，智能参考线会高亮显示并给出相应的提示信息，如图 2-26 所示。

图 2-25　　　　　　　　　　　　　图 2-26

提示　　创建参考线后，选择"视图→参考线"命令子菜单中的命令，或按对应的快捷键可以清除、隐藏与锁定参考线。

3. 网格

选择"视图→显示网格"命令（或按"Ctrl+""组合键）可以显示网格。再次按"Ctrl+""组合键可隐藏标尺。按"Shift+Ctrl+""组合键可以启动对齐网格功能，选择"编辑→首选项→参考线和网格"命令，打开"首选项"对话框，在其中可以设置网格的颜色、样式、网格线间隔等参数，如图 2-27 所示。

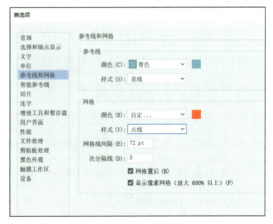

图 2-27

知识点7　文本转换为路径

选择"文字→创建轮廓"命令（或按"Shift+Ctrl+O"组合键），可以将选择的文本的轮廓转换为路径，然后就可以像普通路径一样对文本轮廓进行编辑，进而实现特殊的字体效果，如图 2-28 所示。

图 2-28

知识点8　轮廓化描边

选择"对象→路径→轮廓化描边"命令，可以将描边转换为路径，然后就可以像普通路径一样对描边的轮廓进行编辑，如图 2-29 所示。

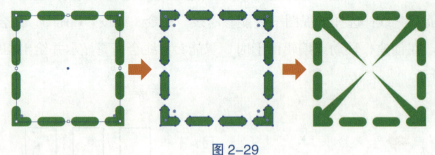

图 2-29

XIANGMU SHISHI
>>> 项目实施

1. 解析设计思路与设计方案

Logo 是指由特定的图形、文字、色彩等组成的，用于代表一个品牌、企业或组织的视觉形象。Logo 设计需要遵循简洁、易识别、具有辨识度等原则，以便使 Logo 在各种媒介和场景中准确传达品牌信息。

本项目要求设计"格林灯具"的 Logo，其最终效果如图 2-30 所示。在设计时利用一个圆弧和几条直线段构成了一个灯泡的形状，让人一眼就能联想到照明设备，这不仅易于识别，而且具有很高的辨识度，消费者能够轻松地记住这个标志。Logo 的颜色选择绿色，体现了该品牌对环保的重视，以及该产品环保、节能、高效的特点。具体制作步骤如下。

图 2-30

（1）新建一个 90 mm × 90 mm 的文件，并使用"椭圆工具""直线工具""文字工具"等工具绘制出 Logo 的形状。

（2）为绘制好的 Logo 图形设置描边和填色。

（3）在便签、信封、名片、工装等实际场景中应用 Logo。

2. 绘制 Logo 的形状

（1）启动 Illustrator，新建一个宽 90 px、高 90 px、颜色模式为 RGB 的文档。

（2）选择"编辑→首选项→参考线和网格"命令，打开"首选项"对话框，设置网格线间隔为"90 px"，次分隔线为"10"，如图 2-31 所示。按"Ctrl+""组合键显示网格，按"Shift+Ctrl+""组合键启动对齐网格功能。

（3）选择"椭圆工具" ，在画面中间偏上的位置绘制一个圆，再选择"矩形工具" ，在圆上绘制一个矩形，如图 2-32 所示。

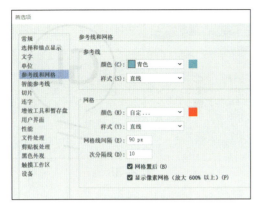

图 2-31

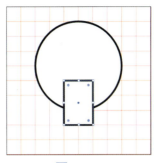

图 2-32

（4）选择"选择工具" ▶ ，框选两个图形，选择"窗口→路径查找器"命令，打开"路径查找器"面板，单击"减去顶层"按钮 ┗ ，生成图 2-33 所示的图形。

（5）选择"直接选择工具" ▷ ，选择两个直角上的锚点，然后按"Delete"键删除，如图 2-34 所示。

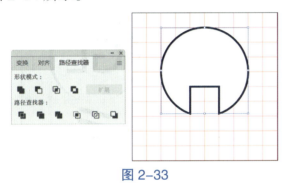

图 2-33

图 2-34

（6）选择"直线段"工具 ／ ，在弧线下方绘制 3 条直线段，如图 2-35 所示。

（7）选择 3 条直线段，选择"窗口→对齐"命令，打开"对齐"面板，单击中间的直线段，将其转换为关键对象，在"对齐"面板中设置分布间距为"-2 px"，单击"垂直分布间距"按钮 ┋ ，如图 2-36 所示。

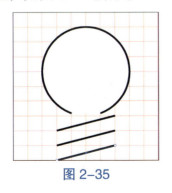

图 2-35

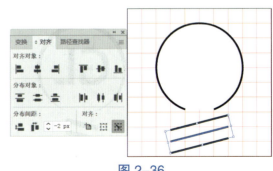

图 2-36

（8）在"变换"面板中将 3 条直线段的长度分别修改为"18 px""18 px""10 px"，如图 2-37 所示。

（9）选择"文字工具" T. ，在画面中输入"GL"文本，选择"窗口→文字→字符"命令，打开"字符"面板，设置字体为"Myriad Pro"，字号为"32 pt"，如图 2-38 所示。

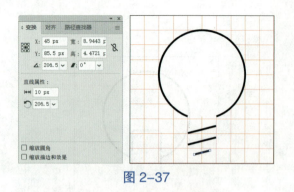

图 2-37　　　　　　　　　　　　　图 2-38

3. 设置 Logo 的描边和填色

（1）选择所有的图形，然后选择"窗口→描边"命令，打开"描边"面板，设置粗细为"3 pt"，端点为"圆头端点" ⊆，如图 2-39 所示。

（2）选择上方的弧形，在"描边"面板中设置配置文件为"宽度配置文件 1" ⬮，如图 2-40 所示。

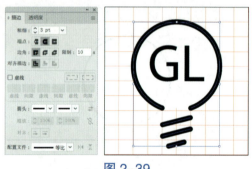　　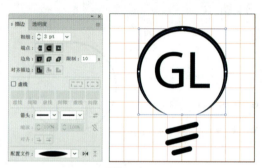

图 2-39　　　　　　　　　　　　　图 2-40

（3）选择文本，选择"文本→创建轮廓"命令，将文本转换为轮廓，然后在"描边"面板中为转换为轮廓的文本添加"1 pt"的描边，如图 2-41 所示。

（4）选择所有图形，选择"对象→路径→轮廓化描边"命令，将所有描边都转换为路径，如图 2-42 所示。

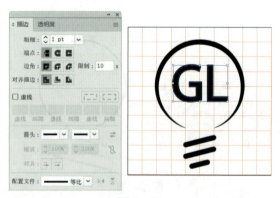　　

图 2-41　　　　　　　　　　　　　图 2-42

（5）选择"窗口→颜色"命令，打开"颜色"面板，设置填色为（R：0，G：180，B：190），如图 2-43 所示。

（6）框选所有对象，按"Ctrl+G"组合键组合对象，按"Ctrl+""组合键隐藏网格，如

图 2-44 所示。完成后将文件保存为"格林灯具 Logo.ai"（效果文件 / 项目二 / "格林灯具 Logo.ai"）文件。

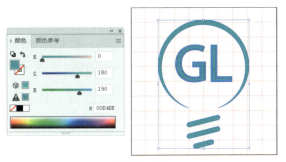

图 2-43

图 2-44

（1）制作"福创锁具"Logo（图 2-45）。该 Logo 的主体由"福创"的汉语拼音首字母 F、C 构成，将这两个字母设计成钥匙的形状，既简洁明了，又具有辨识度。然后，将 F、C 字母构成的钥匙形状放置在一个方形框架内，这个方形框架可以看作一个锁孔。钥匙和锁孔的设计不仅增强了 Logo 的视觉冲击力，还突出了品牌的行业属性（效果 / 效果 / 项目二 / "福创锁具 Logo.ai"）。

（2）制作"古韵坊"Logo（图 2-46）。古韵坊是一家私房菜馆，其 Logo 的主体是将汉字"古"变形为打开的折扇形状，呈现一种古朴、典雅的美感。同时，该 Logo 还可以作为店内装修的画框，在"古"字下方的"口"中添加古画作为装饰，以提高品牌辨识度和消费者对品牌的印象（效果 / 项目二 / "古韵坊 Logo.ai"）。

福创锁具

图 2-45

图 2-46

标志的概念、功能、设计原则和类型

标志是一种具有代表性的符号，通常由图形、文字或两者的组合构成。它传达了某个组织、品牌或产品的独特形象和价值观。标志的设计和传播对于企业的形象塑造、品牌认知度的提高和商业成功至关重要。

1. 标志的功能

（1）识别和区分：标志可以帮助消费者快速识别和区分不同的品牌、产品或服务。通过独特的标志设计，企业可以在繁杂的市场中脱颖而出，提高品牌知名度和认知度。

（2）传达信息：标志可以传达有关产品或服务的关键信息，如质量、价值、用途等。它也可以代表企业的理念、宗旨和文化，从而吸引目标客户并提高客户忠诚度。

（3）引导和指示：在商业环境中，标志可以作为引导客户和员工的重要工具。例如，在购物中心或机场，标志可以指引人们找到所需的位置或服务。

（4）促进销售：优秀的标志设计可以激发消费者的购买欲望。通过将产品或服务的独特性和吸引力相结合，标志可以促进产品的销售并提高产品的市场占有率。

（5）建立信任：可靠的标志设计可以使消费者对品牌产生信任感。它可以通过传达专业性、可靠性和质量来建立消费者对品牌的信任和信心。

2. 标志的设计原则

（1）简洁明了：标志应简洁而不复杂，避免使用过多元素和细节，以便消费者能够轻松识别和记住标志。

（2）易于理解：标志应具有易于理解的特点，使消费者能够轻松理解其代表的含义和价值。

（3）独特性：标志应具有独特性，以便在市场上与其他品牌的标志区分开来。

（4）可适应性：标志应具有良好的可适应性，能够在各种媒介和尺寸上表现出色，从而增强品牌的视觉形象。

（5）时间性：标志应具有时间性，能够适应市场和消费者的变化，以便长期保持其价值和吸引力。

3. 标志的类型

从标志的构成方式来看，标志可以分为文字类标志、图形类标志和图文结合类标志 3 种。

文字类标志是以文字为主要构成元素的标志，这类标志主要通过对文字进行加工和处理，根据不同的象征意义进行有意识的设计。例如，一些公司可能直接使用公司的名称或品牌名称作为标志，通过独特的字体设计和排版，使标志具有独特性和辨识度，如图 2-47 所示。

图 2-47

　　图形类标志是以图形为主要构成元素的标志，可分为具象型图形标志和抽象型图形标志。图形标志相较于文字标志更加直观、清晰明了、易于理解。具象型图形标志通常以具体的图像或物体为设计元素，如动物、植物、建筑物等，而抽象型图形标志则使用更加抽象和简洁的设计元素，如几何图形、线条等，如图 2-48 所示。

图 2-48

　　图文结合类标志是以图形加文字的形式进行设计的标志，其表现形式更为多样，效果也更为丰富。这种标志结合了文字的清晰性和图形的直观性，更加易于识别和记忆。在图文结合类标志中，文字和图形通常相互补充、相互呼应，共同构成一个完整的标志形象，如图 2-49 所示。

图 2-49

项目 3

插画设计——设计"沙滩"插画

　　随着信息化时代的到来，插画设计作为视觉信息传达的重要手段，以其独特的艺术魅力和表现力，为现代艺术设计注入了新的活力。插画设计的多样化得益于计算机软件技术的发展。利用先进的图形处理软件，插画师可以更加自由地发挥创意，实现更为丰富的视觉效果。无论是手绘风格的插画，还是数字生成的图案，都可以通过软件进行精细的调整和优化，以满足不同设计需求。在商业领域，插画设计也展现出巨大的价值。品牌形象设计、广告宣传、包装装潢等都离不开插画的运用。插画的运用品牌形象设计更加鲜明，广告宣传更加引人注目，包装装潢更加具有吸引力。

▶ 学习目标

【知识目标】
- 深入理解路径与锚点的概念。
- 掌握"钢笔工具"、铅笔工具组的使用方法。
- 掌握设置渐变效果以增强插画的视觉表现力的方法。
- 了解风格化效果和形状生成器的应用。

【能力目标】
- 能够创作出具有个性和创意的插画作品。
- 能够熟练运用工具进行细节刻画和色彩搭配。

【素养目标】
- 培养学生的艺术审美能力和创作能力。
- 培养学生的耐心和细致的工作态度。

⟫⟫ 项目知识

知识点1　认识路径与锚点

Illustrator 中所有图形的轮廓都是路径，路径本身没有宽度和颜色，未被选中时是不可见的，只有对路径设置了描边和颜色它才能被看见。Illustrator 中的路径有开放路径、闭合路径和复合路径 3 种。

（1）开放路径：开放路径的两端具有端点，路径为断开状态，如图 3-1 所示。

（2）闭合路径：闭合路径的首尾相接，路径为闭合状态，如图 3-2 所示。

（3）复合路径：复合路径是由多个开放或闭合路径组合而成的路径，如图 3-3 所示。选择"对象→复合路径→建立"命令（或按"Ctrl+F8"组合键），可以将选择的多个路径组合为复合路径。选择"对象→复合路径→释放"命令（或按"Alt+Shift+Ctrl+F8"组合键），可以将选择的复合路径分散为单独的路径。

图 3-1　　　　　　　　图 3-2　　　　　　　　图 3-3

路径由多条线段（包括直线段和曲线段）组成，线段两端的端点称为锚点。曲线段上的锚点为平滑锚点，选中平滑锚点后，锚点上会出现一条或两条控制手柄，使用"直接选择工具"拖动控制手柄上的端点，可以调整曲线段的形状，如图 3-4 所示。在直线段上，锚点为尖角锚点，没有控制线，如图 3-5 所示。

图 3-4　　　　　　　　　　　　图 3-5

知识点2　钢笔工具

使用"钢笔工具" 🖊 可以绘制任意图形，"钢笔工具"是 Illustrator 中的主要绘图工具。选择"钢笔工具"，然后在画面中通过单击确定线段端点的方式，可以绘制直线段或者折线，如图 3-6 所示。通过单击确定线段端点，然后拖动鼠标调整控制手柄方向和长度的方式，可以绘制曲线，如图 3-7 所示。

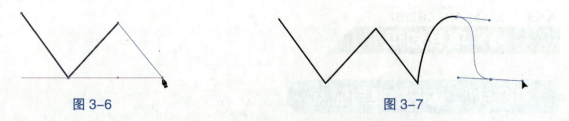

图 3-6　　　　　　　　　　　　　　　图 3-7

在使用"钢笔工具" 绘图的过程中，还可以通过以下方式修改路径。

（1）添加锚点：将鼠标指针移动到路径上，当鼠标指针呈形状时，单击可添加锚点，如图 3-8 所示。

（2）删除锚点：将鼠标指针移动到路径的锚点上，当鼠标指针呈形状时，单击可删除该锚点，与此相邻的两个锚点将自动连接，如图 3-9 所示。

图 3-8　　　　　　　　　　　　　　　图 3-9

（3）转换锚点：将鼠标指针移动到路径的平滑锚点上，按住"Alt"键不放，当鼠标指针呈形状时，单击可以将其转换为尖角锚点，如图 3-10 所示。将鼠标指针移动到路径的尖角锚点上，按住"Alt"键不放，当鼠标指针呈形状时，拖动鼠标，可以拖出两个控制手柄，并将该锚点转换为平滑锚点，如图 3-11 所示。

图 3-10　　　　　　　　　　　　　　图 3-11

（4）移动或调整锚点：按住"Ctrl"键不放，可以临时切换到"直接选择工具" ，此时拖动直线段可以调整直线段的位置，如图 3-12 所示，拖动锚点可以调整锚点的位置，如图 3-13 所示，拖动曲线段可以调整曲线段的形状，如图 3-14 所示，拖动控制手柄可以调整曲线段的形状，如图 3-15 所示。

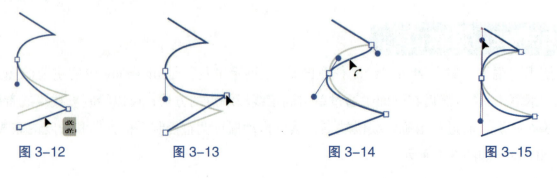

图 3-12　　　　　　图 3-13　　　　　　图 3-14　　　　　　图 3-15

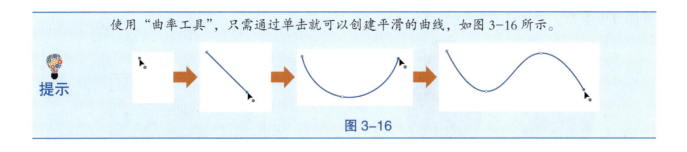

使用"曲率工具"，只需通过单击就可以创建平滑的曲线，如图3-16所示。

图 3-16

知识点3 铅笔工具组

铅笔工具组主要用于绘制、擦除、连接、平滑路径，包括"Shaper 工具" 、"铅笔工具" 、"平滑工具" 、"路径橡皮擦工具" 、"连接工具" 5 种工具。

（1）"Shaper 工具" ：使用"Shaper 工具"可以将手动绘制的不规则的几何图形自动转换为规则的几何图形。选择"Shaper 工具" ，在画面中拖动鼠标绘制一个粗略形态的图形，释放鼠标，图形自动转换为规则的几何图形。图3-17所示为使用"Shaper 工具"绘制的椭圆。

（2）"铅笔工具" ：使用"铅笔工具" ，可以在画面中通过拖动鼠标的方式绘制图形，绘制的图形与鼠标经过的位置基本一致，如图3-18所示。将鼠标指针移动到绘制好的路径上后拖动鼠标，可以对图形进行修改，如图3-19所示。双击"铅笔工具" ，将打开"铅笔工具选项"对话框，在其中可以设置"铅笔工具"绘图时的参数，如精确度、平滑度、填充新铅笔描边、保持选定、起点与终点自动闭合的范围、编辑所选路径等，如图3-20所示。

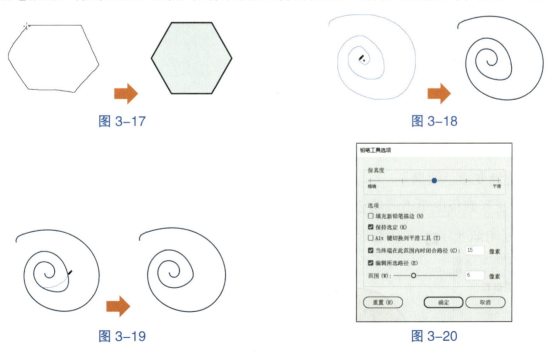

图 3-17

图 3-18

图 3-19

图 3-20

（3）"平滑工具" ：使用"平滑工具" ，可以将不粗糙的图形变得较为平滑。选择要进行平滑的图形，然后选择"平滑工具" ，在粗糙的图形上进行涂抹，可使其变得较为平滑，如图3-21所示。双击"平滑工具" ，打开"平滑工具选项"对话框，在其中可以设置保真度参数，如图 3-22 所示。

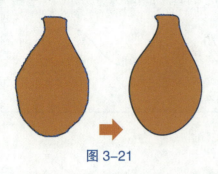

图 3-21

图 3-22

（4）"路径橡皮擦工具" ✏️：使用"路径橡皮擦工具" ✏️ 可以擦除图形上的路径。选择要擦除路径的图形，选择"路径橡皮擦工具" ✏️，在需要擦除的路径上拖拽鼠标，擦除该路径，如图 3-23 所示。

（5）"连接工具" ✎：使用"连接工具" ✎ 可以将两端开放的图形连接为闭合图形。选择要闭合的图形，选择"连接工具" ✎，在需要连接的两个锚点之间拖动鼠标，可对这两个锚点所在的路径进行延伸，直到两条路径相交为止，如图 3-24 所示。

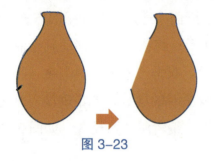

图 3-23

图 3-24

知识点4　设置渐变效果

1. "渐变"面板

选择"窗口→渐变"命令，打开"渐变"面板，如图 3-25 所示，在其中可以为选择的图形设置渐变效果。

1）设置渐变填色效果

在"渐变"面板中单击"填色"色块 ▥，可以为图形设置渐变填色效果，有"线性渐变" ▥、"径向渐变" ▥、"任意形状渐变" ▥ 3 种渐变类型，效果如图 3-26~ 图 3-28 所示。

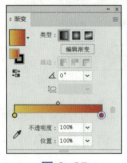

图 3-25

图 3-26

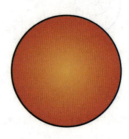

图 3-27

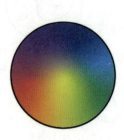

图 3-28

2）设置渐变描边效果

在"渐变"面板中单击"描边"色块▤，将激活描边模式，有"在描边中应用渐变"按钮▤、"沿描边应用渐变"按钮▤、"跨描边应用渐变"按钮▤ 3 种按钮，在描边模式下可以使用线性渐变和径向渐变，二者组合，一共有 6 种效果，如图 3-29 所示。

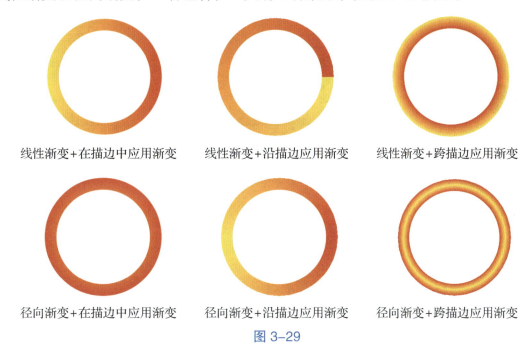

| 线性渐变+在描边中应用渐变 | 线性渐变+沿描边应用渐变 | 线性渐变+跨描边应用渐变 |

| 径向渐变+在描边中应用渐变 | 径向渐变+沿描边应用渐变 | 径向渐变+跨描边应用渐变 |

图 3-29

3）设置渐变角度

可以通过"角度"数值框 △ 设置线性渐变的角度，效果如图 3-30 所示。对于径向渐变，需要先通过"长宽比"数值框 ▤ 设置其长宽比，使径向渐变的形状变为椭圆形，然后通过"角度"数值框 △ 设置径向渐变的角度，效果如图 3-31 所示。

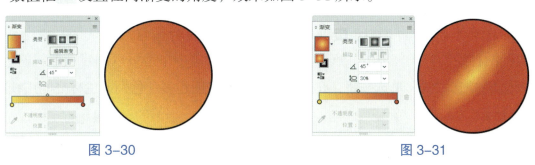

图 3-30   图 3-31

4）设置渐变滑块

渐变滑块中间是一个矩形的渐变色条，可以预览渐变的效果，下方的圆点是色标，默认有两个色标，上方的菱形为中间色色标，用于设置两个色标之间中间色的位置，默认为 50%。

（1）设置色标颜色：双击色标，在打开的面板中可以设置修改色标的颜色，如图 3-32 所示。

（2）增加 / 删除色标：在颜色滑块下方单击鼠标，可以在该位置增加一个鼠标，如图 3-33 所示。选择要删除的色标，单击"删除色标"按钮 ▤，或将要删除的色标拖出颜色滑块，可以删除色标。

（3）设置色标不透明度：选择色标，在"不透明度"下拉列表框中可以设置色标的不透明度，100% 为完全不透明，0% 为完全透明，如图 3-34 所示。

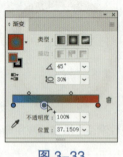

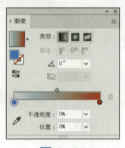

图 3-32　　　　　　　　　　　图 3-33　　　　　　　　　　　图 3-34

（4）设置色标位置：选择色标，在"位置"下拉列表框中可以设置色标的位置，也可以通过拖动的方式设置色标的位置，如图 3-35 所示。

（5）设置中间色色标位置：选择中间色色标，在"位置"下拉列表中可以设置中间色色标位置，也可以通过拖动的方式设置中间色色标位置，如图 3-36 所示。

图 3-35　　　　　　　　　　　　　　　　　　图 3-36

5）设置任意形状渐变

单击"任意形状渐变"按钮可以将渐变类型设置为任意形状渐变，该渐变类型有"点""线"两种绘制方式。单击"点"单选按钮，在对象中单击可以创建点形式的色标，如图 3-37 所示；单击"线"单选按钮，在对象中单击可以创建多个色标，色标之间用线段连接，如图 3-38 所示。

图 3-37　　　　　　　　　　　　　　　　　　图 3-38

2. 渐变工具

为图形设置渐变填色效果后，单击"渐变工具"■，在图形上将出现渐变控制条，可用于调整线性渐变和径向渐变。

1）调整线性渐变

线性渐变的渐变控制条如图 3-39 所示，此时在图形中拖动鼠标，可以重新设置渐变的起止位置和角度，如图 3-40 所示。拖动色标和中间色色标可以调整色标和中间色色标的位置，如图 3-41 所示。在渐变控制条上单击可以增加色标，如图 3-42 所示，将色标拖出渐变控制条可以删除色标。双击色标，在打开的面板中可以修改色标颜色，如图 3-43 所示。拖动圆形控制点 ●可以调整渐变的起始位置，如图 3-44 所示。拖动正方形控制点 可以调整渐变的终止位置，如图 3-45 所示。将鼠标指针移动到正方形控制点 附近，当鼠标指针变为 形状时，拖动鼠标可以调整渐变的角度，如图 3-46 所示。

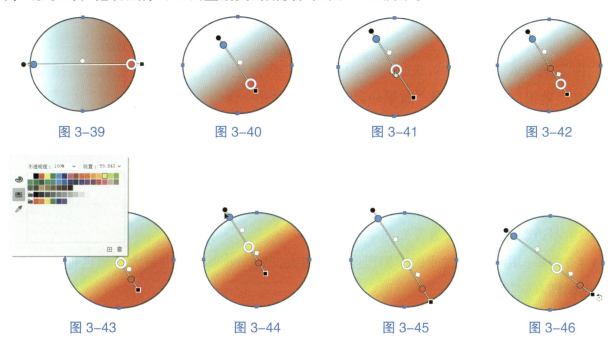

图 3-39　　　　　　图 3-40　　　　　　图 3-41　　　　　　图 3-42

图 3-43　　　　　　图 3-44　　　　　　图 3-45　　　　　　图 3-46

2）调整径向渐变

径向渐变的渐变控制条如图 3-47 所示，此时在图形中拖拽鼠标，可以重新设置渐变的圆心、半径和角度，如图 3-48 所示。调整色标的颜色和位置、增加 / 删除色标与调整线性渐变的操作相同。拖动渐变控制条上的控制点 ●可以调整渐变的圆心位置，如图 3-49 所示。拖动控制点 和控制点 可以调整渐变的半径大小，如图 3-50 所示。拖动虚线圆框上的控制点 ●可以调整渐变的长宽比，如图 3-51 所示。将鼠标指针移动到虚线圆框上，当鼠标指针变为 形状时，拖动鼠标可以调整渐变的角度，如图 3-52 所示。拖动渐变控制条可以整体移动渐变的位置，如图 3-53 所示。

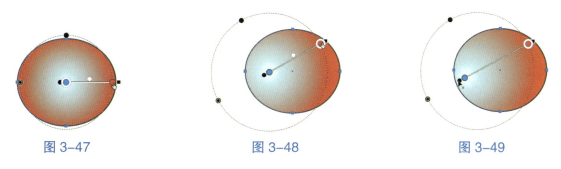

图 3-47　　　　　　　　　图 3-48　　　　　　　　　图 3-49

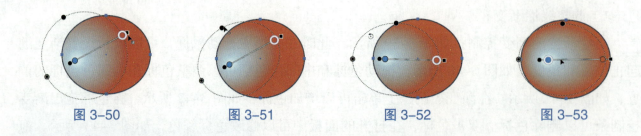

图 3-50   图 3-51   图 3-52   图 3-53

知识点5　风格化效果

选择"效果→风格化"命令，在打开的子菜单中可以为图形设置"内发光""圆角""外发光""投影""涂抹"和"羽化"6种风格化效果。

1."内发光"效果

"内发光"效果可以在对象的内部边缘或中心位置创建发光的外观效果。选择要添加"内发光"效果的图形，选择"效果→风格化→内发光"命令，打开"内发光"对话框，如图 3-54 所示，在其中设置内发光参数，单击 确定 按钮，为图形添加"内发光"效果。

"内发光"对话框参数介绍如下。

（1）模式：用于设置发光的混合模式。

（2）颜色：用于设置发光的颜色。

（3）不透明度：用于设置发光的不透明度。

（4）模糊：用于设置发光的模糊程度，值越大，发光效果的范围越大，颜色越浅，视觉效果越模糊。

（5）中心：单击"中心"单选按钮，光晕从中心向外发散，效果如图 3-55 所示。

（6）边缘：单击"边缘"单选按钮，光晕从边缘向内聚拢，如图 3-56 所示。

图 3-54   图 3-55   图 3-56

2."圆角"效果

"圆角"效果可以使图形的棱角变得圆润。选择要添加圆角效果的图形，选择"效果→风格化→圆角"命令，打开"圆角"对话框，设置圆角半径后，单击 确定 按钮，为图形添加"圆角"效果，如图 3-57 所示。

图 3-57

3. "外发光"效果

"外发光"效果可以在图形外部创建发光的外观效果。选择要添加"外发光"效果的图形，选择"效果→风格化→外发光"命令，打开"外发光"对话框，如图 3-58 所示，在其中设置外发光参数，单击 确定 按钮，为图形添加"外发光"效果。

图 3-58

4. "投影"效果

"投影"效果可以为对象添加投影，使对象更加立体、逼真。选择要添加"投影"效果的对象，选择"效果→风格化→投影"命令，打开"投影"对话框，如图 3-59 所示，在其中设置投影参数，单击 确定 按钮，为图形添加"投影"效果。"投影"对话框参数介绍如下。

（1）模式：用于设置投影的混合模式。

（2）不透明度：用于设置投影的不透明度。

（3）X 位移 /Y 位移：用于设置投影偏移对象的距离，负值表示向左或向上偏移，正值表示向右或向下偏移。

（4）模糊：用于设置投影的模糊程度，值越大，投影的范围越大，颜色越浅，视觉效果越模糊。

（5）颜色：单击该单选按钮，再单击其后的色块可设置投影的颜色。

（6）暗度：单击该单选按钮，可为投影设置不同百分比的黑色。

图 3-59

5. "涂抹"效果

"涂抹"效果可以为图形添加随意涂抹的外观效果。选择要添加"涂抹"效果的图形，选择"效果→风格化→涂抹"命令，打开"涂抹选项"对话框，设置涂抹参数，单击 确定 按钮，为图形添加"涂抹"效果，如图 3-60 所示。

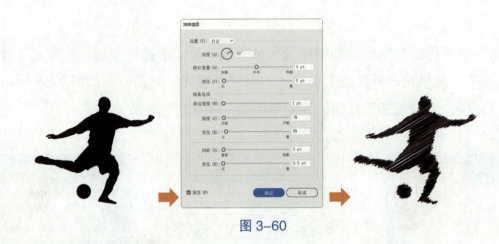

图 3-60

"涂抹选项"对话框参数介绍如下。

（1）设置：用于选择预设的涂抹模式。

（2）角度：用于设置涂抹的笔触的角度。

（3）路径重叠：用于控制涂抹线条与对象边界的距离。该参数为正值时，涂抹线条将出现在对象边缘；该参数为负值时，涂抹线条将出现在路径边界内部。

（4）变化：用于控制涂抹线条之间的长度差异。

（5）描边宽度：用于设置涂抹线条的宽度。

（6）曲度：用于设置涂抹线条在改变方向前的曲度。

（7）（曲度）变化：用于设置涂抹线条之间的曲度差异量。

（8）间距：用于设置涂抹线条之间的折叠距离。

（9）（间距）变化：用于设置涂抹线条之间的间距差异量。

6."羽化"效果

"羽化"效果可以将图形的边缘从完全不透明逐渐过渡为完全透明，可用于为商品图片制作投影、高光、阴影等效果。选中要羽化的图形，选择"效果→风格化→羽化"命令，打开"羽化"对话框，设置羽化半径，值越大，"羽化"效果的范围就越大，单击 确定 按钮，为图形添加"羽化"效果，如图 3-61 所示。

图 3-61

知识点6　形状生成器

使用"形状生成器工具" 可以在由多个图形相交产生的多个区域中选择 1 个或多个区域生成一个新的图形。先选择需要生成形状的全部图形，然后选择"形状生成器工具" ，在某个区域中单击，可以将该区域生成一个新的图形；在某个区域中拖动鼠标，再经过其他需要合并的区域，可以将所有经过的区域生成一个新的图形，如图 3-62 所示。

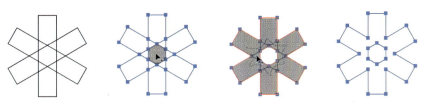

图 3-62

>>> 项目实施

1. 解析设计思路与设计方案

本项目要设计一幅"沙滩"插画，其设计灵感来源于沙滩的美丽景色。在构图上采用宽广的视角，以展示沙滩的全景。在色彩上选择明亮的颜色，如黄色、蓝色和白色，来描绘冲浪板、海浪和帆船。在画面的背景中，使用明亮的蓝色天空和洁白的云朵，以营造清新、宁静的氛围，这种背景与前景的黄色和蓝色形成了鲜明的对比，使整个画面更加鲜明生动。

本项目的最终效果如图 3-63 所示，具体制作步骤如下。

（1）利用各种绘图工具绘制"沙滩"插画的线稿。

（2）为"沙滩"插画填色。

（3）绘制冲浪板、帆船、云朵、太阳等其他内容。

图 3-63

2. 绘制线稿

（1）启动 Illustrator 2023，新建一个颜色模式为 RGB 的文件。

（2）选择"矩形工具" ▢，在画面中绘制一个宽 800 px、高 500 px 的矩形，如图 3-64 所示。

（3）选择"直线段工具" ╱，在矩形中间靠上一点的位置绘制一条水平的直线段，如图 3-65 所示。

图 3-64

图 3-65

（4）选择"钢笔工具" ，在水平直线段下方绘制 6 条曲线，如图 3-66 所示。

（5）选择"选择工具" ，全选所有图形，选择"形状生成器工具" ，依次单击矩形中的 8 个区域，将矩形分割为 8 个图形，如图 3-67 所示，然后将多余的部分删除。

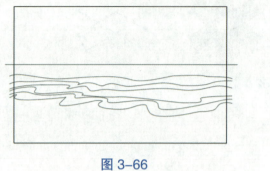

图 3-66　　　　　　　　　　　图 3-67

（6）选择"椭圆工具"，在画面中绘制多个不同大小的椭圆，如图 3-68 所示。

（7）全选所有椭圆和最上方的矩形，打开"描边"面板，"形状生成器工具" 将椭圆和矩形相交的部分生成一个云的图形，并将多余部分删除，完成后的效果如图 3-69 所示。

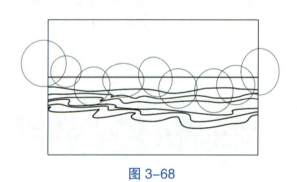

图 3-68　　　　　　　　　　　图 3-69

（8）使用相同的方法生成一层云朵图形，如图 3-70 所示。

（9）使用"椭圆工具"在画面右上方绘制一个圆，如图 3-71 所示。

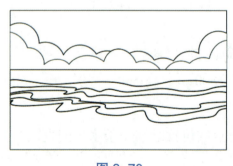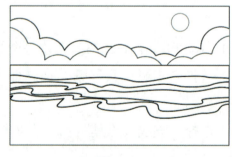

图 3-70　　　　　　　　　　　图 3-71

3. 填充颜色

（1）选择画面右上角的圆形，选择"窗口→渐变"命令或按"Ctrl+F9"组合键打开"渐变"面板，单击 按钮，在打开的列表中选择"夏天"选项，如图 3-72 所示。

（2）在画面中选择天空部分的图形，在"渐变"面板中为其添加角度为"90°"，从（R：100，G：200，B：250）到（R：200，G：240，B：255）的线性渐变，如图 3-73 所示。

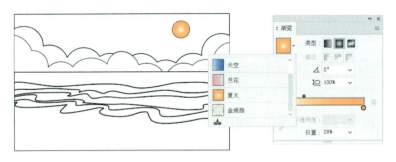

图 3-72

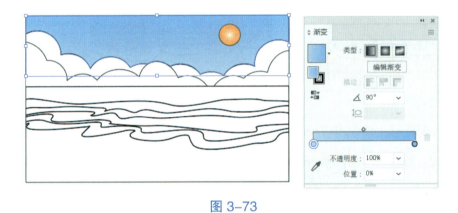

图 3-73

（3）选择第 1 层云朵图形，将其填充颜色设置为（R：180，G：220，B：240），如图 3-74 所示。选择第 2 层云朵图形，将其填充颜色设置为（R：220，G：240，B：2540），如图 3-75 所示。

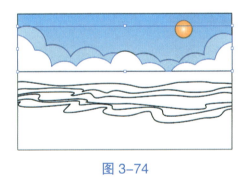

图 3-74

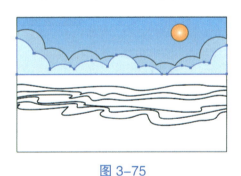

图 3-75

（4）选择第 1 层水面图形，将其填充颜色设置为（R：25，G：145，B：210），如图 3-76 所示。

（5）选择第 2 层和第 4 层水面图形，将其填充颜色设置为（R：35，G：165，B：215），如图 3-77 所示。

图 3-76

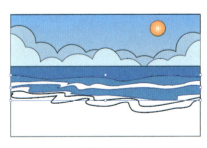

图 3-77

（6）选择第 3 层和第 5 层水面图形，将其填充颜色设置为（R：40，G：190，B：220），如图 3-78 所示。

（7）选择浪花图形，将其填充颜色设置为白色，选择"效果→风格化→投影"命令，打开"投影"对话框。设置模式为"正常"，不透明度为"100%"，X 位移为"0 px"，Y 位移为"10 px"，模糊为"0 px"，颜色为（R：240，G：160，B：85），如图 3-79 所示。

图 3-78   图 3-79

（8）选择沙滩图形，将其填充颜色设置为（R：245，G：210，B：125），如图 3-80 所示。

图 3-80

4. 制作其他内容

（1）选择"铅笔工具" ，将描边颜色设置为白色，然后在水面上随机绘制多条曲线，如图 3-81 所示。

（2）选择"画笔工具" ，将描边颜色设置为（R：230，G：170，B：100），然后在沙滩中随机绘制斑点，如图 3-82 所示。

图 3-81   图 3-82

（3）选择"文件→置入"命令，或按"Ctrl+Shift+P"组合键，打开"置入"对话框，选择"冲浪板 .ai""帆船 .ai""云 .ai"文件（素材 / 项目 3/"冲浪板 .ai""帆船 .ai""云 .ai"），如图 3-83 所示，单击   置入   按钮置入素材文件。

（4）调整冲浪板图形的大小并移动到画面的左下角，如图 3-84 所示。

图 3-83

图 3-84

（5）复制 1 个帆船图形，然后调整 2 个帆船图形的大小并移动到水面中，如图 3-85 所示。

（6）复制 2 个云朵图形，然后调整 3 个云朵图形的大小并移动到天空中，如图 3-86 所示。

图 3-85

图 3-86

（7）将文件保存为"沙滩 .ai"（素材 / 项目 3/"沙滩 .ai"），完成本项目的制作。

KEHOU LIANXI
>>> 课后练习

（1）制作"雪夜"插画（图 3-87）。这幅插画的主体内容围绕"雪夜"这个主题，营造出一个宁静、祥和的冬日夜晚氛围。色彩以冷色调为主，特别是蓝色和白色，来模拟月光和雪地的效果。画面中央是一座被白雪覆盖的村庄，村庄周围是高大的冷杉树和远处的雪山，这些元素共同构成了村庄的冬日背景（素材 / 项目 3/"月亮 .png"、效果 \ 项目 3\"雪夜 .ai"）。

（2）制作"沙漠黄昏"插画（图 3-88）。这幅插画的色调以暖色为主，营造出黄昏的氛围。画面的主体选用仙人掌，其硬朗的形态和顽强的生命力象征着沙漠的精神。山在画面中起到背景的作用，其稳重的形态与仙人掌形成对比，增加了画面的层次感。日落天空的设计为整个画面添加了一抹亮色（效果 / 项目 3/"沙漠黄昏 .ai"）。

图 3-87

图 3-88

拓展阅读　插画的概念、应用领域及分类

1. 插画的概念

插画是一种通过图画进行视觉表达的艺术形式。这种艺术形式主要用于配合文字与图片，以非语言的直觉形象艺术传达为目的，并作为文字的辅助要素对文字的具体内容进行说明。

2. 插画的应用领域

插画的应用领域非常广泛，涵盖了广告、出版、媒体、教育等多个领域。

（1）在广告领域，插画能够以直观、形象的方式传递信息，吸引观众的注意力，如图3-89 所示。

（2）在出版领域，插画为书籍、杂志等纸质媒体增添了视觉元素，提高了读者的阅读体验，如图3-90 所示。

图 3-89

图 3-90

（3）在媒体领域，插画可以为新闻、博客等提供视觉支持，使内容更加生动有趣，如图3-91 所示。

（4）在教育领域，插画可以辅助教学，帮助学生更好地理解知识，如图3-92 所示。

图 3-91

图 3-92

3. 插画的分类

插画的种类繁多，各具特色。根据不同的分类标准，插画可以有多种不同的风格，下面介绍几种常见的风格类型。

（1）写实主义。写实主义插画追求真实地再现对象，注重细节和质感的精细表现。这种风格的插画在视觉上具有强烈的真实感，能够让观众感受到对象的生动和逼真，如图 3-93 所示。

（2）抽象主义。抽象主义插画完全摆脱了具象形态的束缚，强调色彩、线条和形状的自由组合与变化。这种风格的插画打破了传统绘画的局限，使插画师可以充分发挥自己的想象力和创造力，如图 3-94 所示。

图 3-93

图 3-94

（3）卡通漫画风格。卡通漫画风格插画以其幽默、活泼的特点深受人们的喜爱。这种风格的插画常常以简练的线条和夸张的形象表现事物的特点，让人忍俊不禁，如图 3-95 所示。

（4）装饰主义。装饰主义插画注重图案、色彩和构图的装饰性，具有华丽、精致的风格。这种风格的插画常常用于装点人们的生活空间，为生活增添美感，如图 3-96 所示。

图 3-95

图 3-96

项目 4

海报设计——设计"环保宣传"海报

　　海报设计作为视觉设计的主要形式之一，具有深远的影响力。海报集图形、文字、版面和色彩等设计元素于一身，以富有创意和想象力的方式传达各种信息。这种艺术形式不仅主题内容广泛，表现形式丰富，而且最终效果非常出色。

　　海报的主题内容广泛，涵盖了商业、文化、教育等多个领域。无论是宣传电影、音乐会还是推广品牌，海报都是最直接、最有效的传播工具。通过精心的设计，海报可以引起观众的兴趣，激发观众的好奇心，从而达到推广或宣传的目的。

学习目标

【知识目标】
- 掌握"透明度"面板的使用方法。
- 学习图像描摹技巧以将位图转换为矢量图。
- 理解混合对象的概念及其应用场景。
- 了解"图层"面板的管理功能。
- 学习修饰文字工具和偏移路径的使用方法。

【能力目标】
- 能够设计出具有视觉冲击力和宣传效果的海报。
- 能够合理运用工具和技巧提升海报的设计感。

【素养目标】
- 培养学生的环保意识和社会责任感。
- 提高学生的设计实践能力和创新思维。

知识点1 "透明度"面板

在"透明度"面板中，可以给对象添加不透明度，还可以改变混合模式，从而制作新的效果。选择"窗口→透明度"命令（或按"Shift+Ctrl+F10"组合键），打开"透明度"面板，如图4-1所示，其中各参数的作用如下。

图 4-1

（1）不透明度：在默认状态下，对象是完全不透明的，通过设置不同的"不透明度"数值，可以得到不同的显示效果，"不透明度"数值为100%、50%和10%的效果分别如图4-2~图4-4所示。

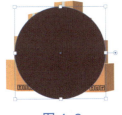　　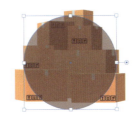　　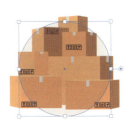

图 4-2　　　　　　图 4-3　　　　　　图 4-4

（2）混合模式:"透明度"面板提供了多种混合模式，如图4-5所示，选择不同的混合模式，可以观察图像的不同变化。"正片叠底""叠加"和"色相"混合模式效果分别如图4-6~图4-8所示。

　　　　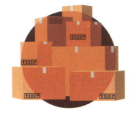　　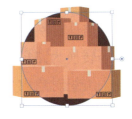

图 4-5　　　　　图 4-6　　　　　图 4-7　　　　　图 4-8

（3）制作蒙版按钮：选择多个对象，单击该按钮，将使用最顶层的对象作为蒙版，并根据蒙版颜色的深浅设置其他对象的透明度，蒙版颜色越深的部分越透明，若为黑色，则完全透明；蒙版颜色越浅的部分越不透明，若为白色，则完全不透明，如图4-9所示。此时"透明度"面板中左侧为内容缩略图，右侧为蒙版缩略图，如图4-10所示。按住"Shift"键不放单击蒙版缩略图，可以停用或启用蒙版，单击释放按钮可以释放蒙版。

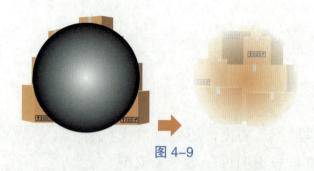
图 4-9

图 4-10

（4）剪切：单击 制作蒙版 按钮创建蒙版时，将自动勾选该复选框，并创建剪切蒙版，隐藏蒙版外的内容；取消勾选该复选框，将显示蒙版外的内容，如图 4-11 所示。

（5）反向蒙版：勾选该复选框，将创建反向蒙版，蒙版颜色越深的部分越不透明，蒙版颜色越浅的部分越透明，如图 4-12 所示。

图 4-11

图 4-12

提示　　单击"透明度"面板右上方的 ☰ 按钮，在弹出的菜单中可以选择创建蒙版、释放蒙版、停用蒙版等命令，用来管理蒙版。

知识点2　图像描摹

1. 认识图像描摹

图像描摹功能可以将 JPEG、PNG、PSD 等格式的位图转换成矢量图。选择图像后，选择"对象→图像描摹→建立"命令，将采用默认方式描摹图像，如图 4-13 所示。若要编辑描摹后的图像，需要选择描摹对象，选择"对象→图像描摹→扩展"命令，将描摹转换为路径，扩展后的对象为编组对象，可以双击进入编组对象内部，然后更改各个部分的填充、描边等属性。也可以先选择"对象→取消编组"命令，取消编组，然后进行编辑。

图 4-13

提示　　在描摹对象未被扩展前，选择描摹对象，选择"对象→图像描摹→释放"命令可以恢复描摹对象的位图状态。

2. "图像描摹"面板

选择"窗口→图像描摹"命令，将打开"图像描摹"面板，如图 4-14 所示，该面板有一些基本选项，如预设、视图、模式、阈值等，单击"高级"标签左侧的▶按钮可显示更多选项，如路径、边角、杂色、方法、创建、描边等高级选项，用于修改图像描摹效果。"图像描摹"面板参数介绍如下。

（1）![按钮组]按钮组：分别表示"自动着色""高色""低色""灰度""黑白""轮廓"6种预设描摹效果，选择图像后单击对应按钮可实现图像描摹，效果如图4-15所示。

图 4-14　　　　　　　　　　　　　　　　图 4-15

（2）预设：该下拉列表提供了"原图""默认""高保真度照片""低保真度照片""3色""6色""16色""灰阶""黑白徽标""剪影""线稿图""技术绘图"12种预设描摹效果，效果如图4-16所示。

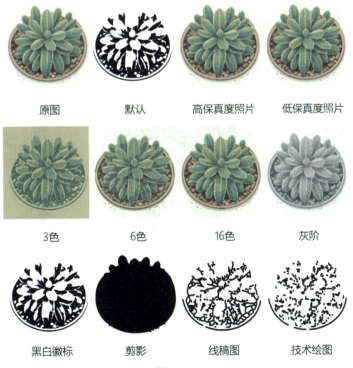

图 4-16

（3）视图：用于设置描摹对象的视图方式，包括"描摹结果""描摹结果（带轮廓）""轮廓""轮廓（带源图像）"和"源图像"5个选项，效果如图4-17所示，用鼠标按住 👁 图标不放，可零时切换到源图像视图。

图 4-17

（4）模式：用于设置描摹结果的颜色模式，包括"彩色""灰度"和"黑白"3个选项。设置描摹结果的颜色模式为"彩色"时，可设置颜色的调板为有限或全色调，以及设置颜色的数量，图4-18所示为原图，以及颜色数量为10、30时的彩色描摹效果；设置描摹结果的颜色模式为"灰度"时，可设置灰度值，图4-18所示为原图，以及灰度值为10、50和100时的描摹效果；设置描摹结果的颜色模式为"黑白"时，使用"阈值"滑块设置一个值以生成黑白描摹结果，比阈值亮的像素将转换为白色，而比阈值暗的像素将转换为黑色，阈值越大，黑色区域越多，图4-19所示为原图，以及阈值为100、200的描摹效果。

原图　　　　　　　　颜色数量为10　　　　　　　颜色数量为30

图 4-18

原图　　　灰度值为10　　　灰度值为50　　　灰度值为100

原图　　　　　阈值为100　　　　　阈值为200

图 4-19

（5）路径：用于设置控制描摹形状和原始像素形状间的差异，较小的值将创建较疏松的路径拟和，而较大的值将创建较紧密的路径拟和。

（6）边角：用于设置边角以及弯曲处变为角点的可能性，值越大则角点越多。

（7）杂色：用于设置描摹时忽略的区域，值越大则杂色越少。对于高分辨率图像，可将杂色设置为较大的值；对于低分辨率图像，可将杂色设置为较小的值。

（8）方法：用于设置一种描摹方法。单击"邻接"按钮 ◧ 将创建木刻路径，各路径的边缘与其相邻路径的边缘完全重合；单击"重叠"按钮 ◨ 将创建堆积路径，各路径与其相邻路径稍有重叠。

（9）创建：在"黑白"描摹模式下，该设置被激活。勾选"填色"复选框，将在描摹结果中创建填色区域；勾选"描边"复选框，将在描摹结果中创建描边路径。

（10）描边：在"黑白"描摹模式下勾选"描边"复选框，可激活"描边"数值框。该数值框用于设置原始图像中可描边区域的最大宽度，对于宽度大于最大宽度的区域，在描摹结果中将为其添加描边。

（11）将曲线与线条对齐：勾选该复选框，在描摹图形时，稍微弯曲的线条将被替换为直线，接近 0° 或 90° 的线条将被调整为 0° 或 90° 的线条。

（12）忽略白色：勾选该复选框，在图像描摹时白色区域将被忽略。

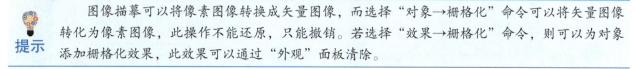

提示　　图像描摹可以将像素图像转换成矢量图像，而选择"对象→栅格化"命令可以将矢量图像转化为像素图像，此操作不能还原，只能撤销。若选择"效果→栅格化"命令，则可以为对象添加栅格化效果，此效果可以通过"外观"面板清除。

知识点3　混合对象

使用混合功能可以实现图形、颜色、线条之间的混合，在两个或多个对象之间生成一系列色彩与形状连续变化的对象。

1. 创建混合对象

选择"混合工具" 🖫 ，在两个需要混合的对象上分别单击，可以在两个对象之间创建混合对象。也可以先选择要混合的两个对象，选择"对象→混合→建立"命令（或按"Alt+Ctrl+B"组合键）混合对象，如图 4-20 所示。

创建混合对象后，还可以继续添加其他混合对象，选择"混合工具" 🖫 ，然后单击混合对象中的最后一个对象，接着单击想要添加的其他对象，就可以将该对象添加到混合对象中，如图 4-21 所示。

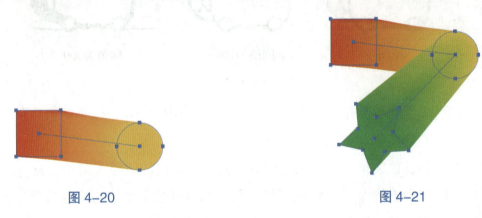

图 4-20　　　　　　　　　　　　　　　　　　　图 4-21

2. 修改混合对象

如果要对混合对象进行修改，可以先选择混合对象，再选择"对象→混合→混合选项"命令（或双击"混合工具" 🖫 ），打开"混合选项"对话框，在其中设置混合参数后，单击 确定 按钮修改混合对象。"混合选项"对话框中各参数的作用如下。

（1）间距：用于设置对象之间的混合方式，包括"平滑颜色""指定的步数""指定的距离"3 个选项。选择"平滑颜色"选项将自动计算中间对象的数量，以实现颜色的平滑过渡，如图 4-22 所示；选择"指定的步数"选项，可以设置中间对象的数量，如图 4-23 所示；选择"指定的距离"选项，可以设置中间对象之间的距离，如图 4-24 所示。

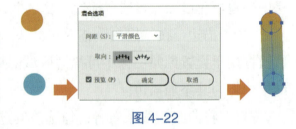

图 4-22

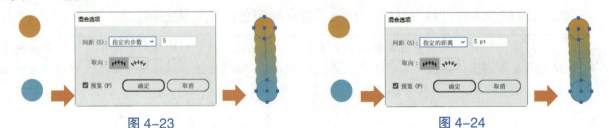

图 4-23　　　　　　　　　　　　　　　　　　　图 4-24

（2）取向：用于设置混合对象的方向。单击"对齐页面"按钮 ，可以使混合对象垂直于页面的 X 轴；单击"对齐路径"按钮 ，可使混合对象垂直于路径。

双击混合对象，可以打开混合对象，此时可以对开始对象和结束对象进行编辑，或移动它们的位置，从而对混合的效果进行修改，如图 4-25 所示。在混合对象的开始对象和结束对象之间有一条直线路径，称为混合轴，编辑混合轴可以该变中间对象所经过的位置，如图 4-26 所示。

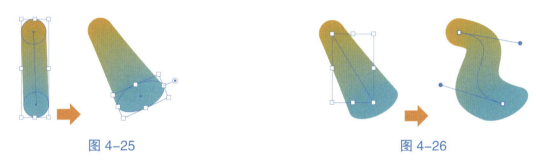

图 4-25　　　　　　　　　　　　　　　　图 4-26

3. 替换混合轴

除了可以手动修改混合轴，还可以使用"替换混合轴"命令将混合对象的混合轴替换为一条已有的路径。选择混合对象和一条已有的路径，选择"对象→混合→替换混合轴"命令，可以用现有路径替换混合对象中的混合轴，如图 4-27 所示。

图 4-27

4. 反向混合轴和反向堆叠

选择"对象→混合→反向混合轴"命令，可以将开始对象和结束对象进行调换，如图 4-28 所示。选择"对象→混合→反向堆叠"命令，可以将所有对象的堆叠顺序进行调换，如图 4-29 所示。

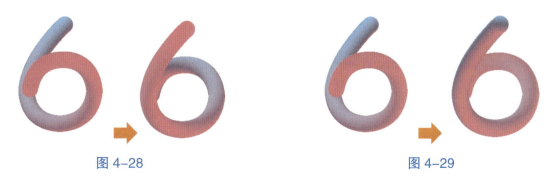

图 4-28　　　　　　　　　　　　　　　　图 4-29

提示　　只能使用开放路径替换混合轴，若使用闭合路径替换混合轴，则可以选择"剪刀工具" ✂，并在路径上单击，将路径剪断，使其成为开放路径，然后替换混合轴。

知识点4　　"图层"面板

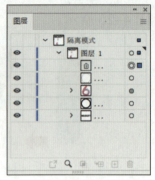

当设计作品中元素较多时，将不同类型的元素放置在不同的图层上，可以对作品进行有序的管理，通过改变图层的排列顺序也可以改变对象的排序。选择"窗口→图层"命令（或按"F7"键），打开"图层"面板，如图 4-30 所示，其中各参数的作用如下。

（1）彩色小方块：选择对象后，"图层"面板对应图层后会出现彩色小方块，拖拽彩色小方块到目标图层上，可将该对象图层移动到目标图层上方。

图 4-30

（2）隐藏 / 显示图层 👁：当显示图层时，在图层前面有一个眼睛图标 👁，在该图标上单击，则该图标消失，此图层则被隐藏，再次在原位置单击，眼睛图标 👁 出现，此图层又被显示出来。

（3）锁定 / 解锁图层 🔒：每个图层的眼睛图标 👁 后面还有一个空格区域，在此区域单击，出现锁形图标 🔒，表示该图层被锁定，再次单击，锁形图标 🔒 消失，表示该图层已解锁，且该图层可被编辑。

（4）收集以导出 ↗：单击该按钮将打开"资源导出"面板，设置导出格式，单击 导出... 按钮，将选择的图层导出为图片。

（5）定位对象 🔍：单击该按钮，可以定位所选对象所在的图层并选中。

（6）建立 / 释放剪切蒙版 ▣：单击该按钮，可以为选择对象创建剪切蒙版，或释放创建的剪切蒙版。

（7）新建子图层 ⊞：单击该按钮，在选择的图层下方将新建子图层。子图层是图层下一级的图层，一个图层可包含多个子图层。

（8）新建图层 ⊞：单击该按钮，将在选中图层的上方新建一个图层，双击图层名称区域可修改图层名称。

（9）删除图层 🗑：单击该按钮，将删除所选图层。

知识点5　修饰文字工具

使用"修饰文字工具" 🔠 可以对一串文字中的单个文字进行编辑。选择"修饰文字工具" 🔠，单击要修饰的文字，在文字周围将出现 5 个控制点。拖动 ↕ 控制点，可以调整文字的高度，如图 4-31 所示；拖动 ↔ 控制点，可以调整文字的宽度，如图 4-32 所示；拖动 ↗ 控制点，可以等比例缩放文字，如图 4-33 所示；拖动 ✛ 控制点，可以移动文字的位置，如图

4-34 所示；拖动◎控制点，可以旋转文字，如图 4-35 所示。

图 4-31　　　　　　　　图 4-32　　　　　　　　图 4-33

图 4-34　　　　　　　　　　　　图 4-35

知识点6　偏移路径

使用"偏移路径"命令，可以在当前路径的基础上偏移一定的距离生成一条新的路径。选择"对象→路径→偏移路径"命令，打开"偏移路径"对话框，如图 4-36 所示，在其中设置路径位移的距离、连接的方式、斜接限制，然后单击 确定 按钮，完成路径的偏移。对于封闭的路径，将位移设置为正数，将向外侧偏移路径，如图 4-37 所示；将位移设置为负数，将向内侧偏移路径，如图 4-38 所示。对于开放路径，将在路径的两侧进行偏移，并形成一个封闭路径，如图 4-39 所示。

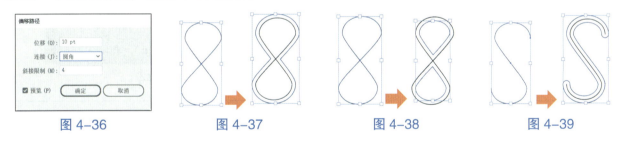

图 4-36　　　　　　图 4-37　　　　　　图 4-38　　　　　　图 4-39

<<< XIANGMU SHISHI
>>> 项目实施

1. 解析设计思路与设计方案

本项目要求设计"环保宣传"海报，其最终效果如图 4-40 所示。具体步骤如下。

（1）绘制背景。

（2）制作主体内容。

（3）制作文本内容。

（4）添加装饰图案。

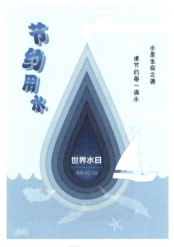

图 4-40

2. 绘制背景

（1）启动 Illustrator 2023，新建一个 A4 大小、颜色模式为 RGB 的文件。

（2）选择"文件→图层"命令，打开"图层"面板，将"图层 1"的名称修改为"背景"，如图 4-41 所示。

（3）在画面中绘制一个与画面大小相同的矩形，并设置填充颜色为"#e6f5fa"，然后在画面左下边缘处绘制一个圆，并按住"Alt"键不放向右侧拖动，复制出一个圆，如图 4-42 所示。

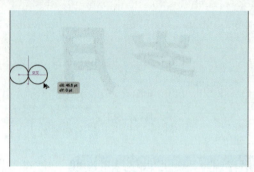

图 4-41   图 4-42

（4）连续按多次"Ctrl+D"组合键，复制出多个圆，直到超过画面的右边缘，如图 4-43 所示。

（5）在圆的下方绘制一个矩形，然后选择"形状生成器工具"，并在矩形中单击，生成图 4-44 所示的图形。

图 4-43   图 4-44

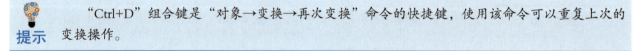

提示   "Ctrl+D"组合键是"对象→变换→再次变换"命令的快捷键，使用该命令可以重复上次的变换操作。

（6）删除多余的图像，并将生成的图形的填充色设置为"#dcdcdc"，将描边颜色设置为"无"，如图 4-45 所示。

（7）复制图形，并和原图形错开一小段位置，然后将填充色设置为"#9ed1e8"，如图 4-46 所示。

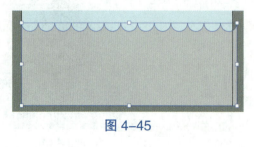

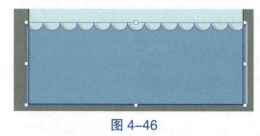

图 4-45   图 4-46

（8）选择"钢笔工具"✐，沿画面的边缘绘制一条路径，如图4-47所示。

（9）选择"对象→路径→分割下方对象"命令，将下方的对象沿路径进行分割，然后将多余的部分删除，如图4-48所示。

图 4-47

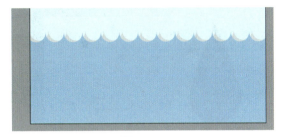

图 4-48

3. 制作主体内容

（1）将"背景"图层锁定，新建一个图层，并命名为"主体内容"，如图4-49所示。

（2）选择"椭圆工具"◯，在画面中绘制一个圆，如图4-50所示。

图 4-49

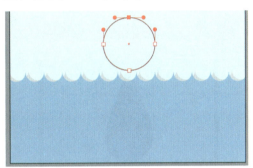

图 4-50

（3）选择"锚点工具"▷，单击圆上方的锚点，将其转换为尖角锚点，然后选择"直接选择工具"▷，选择圆上方的锚点并向上拖动，将圆形变为水滴的形状，如图4-51所示。

（4）打开"渐变"面板，为水滴图形添加"#036eb7"～"#171c61"的径向渐变，并设置角度为"90°"，长宽比为"85%"。选择"渐变工具"▥，然后调整渐变的圆心位置和范围大小，如图4-52所示。

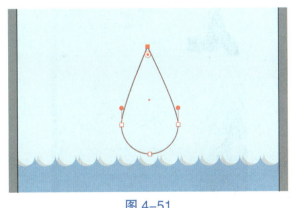

图 4-51

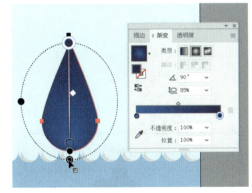

图 4-52

（5）选择"效果→风格化→内发光"命令，打开"内发光"对话框，设置模式为"正片叠底"，不透明度为"30%"，模糊为"10 pt"，单击"边缘"单选按钮，单击 确定 按钮，如图 4-53 所示。

（6）选择"对象→路径→偏移路径"命令，打开"偏移路径"对话框，设置位移为"20 pt"，连接为"斜接"，单击"确定"按钮，如图 4-54 所示。

图 4-53

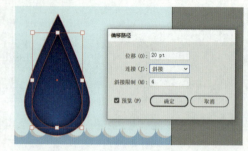
图 4-54

（7）修改偏移出的路径的填色为"#2b436d"，如图 4-55 所示。

（8）进行 4 次偏移操作，偏移出 4 条新的路径，并修改它们的填色分别为"3c6599""5385b7""a1d6ef""cae4ee"，如图 4-56 所示。

图 4-55

图 4-56

（9）置入"水龙头 .jpg"文件（素材 / 项目 4/"水龙头 .jpg"），缩小并移动到水滴图形的上方，如图 4-57 所示。

（10）选择"窗口→图像描摹"命令，打开"图像描摹"面板，先选择"黑白"选项，应用黑白描摹效果，然后设置阈值为"200"，勾选"忽略白色"复选框，如图 4-58 所示。

图 4-57

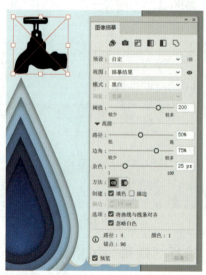
图 4-58

（11）选择"对象→图像描摹→扩展"命令，将图像描摹转换为普通图形，设置填色为白色，选择"直接选择工具"，调整水龙头图形的水管长度，如图 4-59 所示。

（12）选择"效果→风格化→外发光"命令，打开"外发光"对话框，设置模式为"正片叠底"，颜色为"黑色"，不透明度为"10%"，模糊为"5 pt"，单击 确定 按钮，如图 4-60 所示。

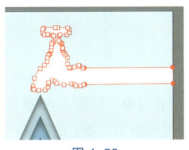
图 4-59

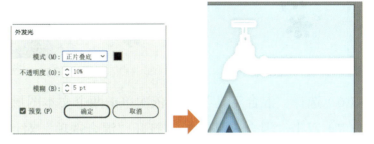
图 4-60

4. 制作文本内容

（1）将"主体内容"图层锁定，新建一个图层，并命名为"文本"，如图 4-61 所示。

（2）选择"直排文字工具" ，在画面左上角输入"节约用水"文本。选择"窗口→文字→字符"命令，打开"字符"面板，设置字体为"方正胖娃简体"，字号为"72 pt"，如图 4-62 所示。

图 4-61

图 4-62

（3）选择"修饰文字工具"，然后依次调节每个字的大小、旋转角度和位置，如图 4-63 所示。

（4）选择"文字→创建轮廓"命令，将文本转换为路径，然后设置其描边颜色为"无"，并添加图 4-64 所示的线性渐变填色，4 个色标的颜色分别为"#036eb7""#009fe8""#036eb7""#1d2087"，位置分别为"0%""50%""52%""100%"。

（5）复制一个文本图形，将描边颜色设置为白色，并和原筒形错开一小段位置，如图 4-65 所示。

图 4-63

图 4-64

图 4-65

（6）选择"混合工具" ，依次单击两个文本图形，创建混合对象，如图 4-66 所示。

（7）双击"混合工具" ，打开"混合选项"对话框，设置间距为"指定的距离"，距离为"1 pt"，如图 4-67 所示，单击 确定 按钮。完成的效果如图 4-68 所示。

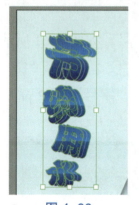
图 4-66

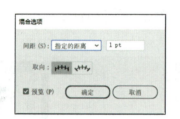
图 4-67

图 4-68

（8）选择"直排文字工具" ，在画面右侧输入"水是生命之源""请节约每一滴水"两列文本。在"字符"面板中设置文本的字体和字号，如图 4-69 所示。

（9）在最中间的水滴图形中绘制一条白色的水平直线段，在其上方输入"世界水日"文本，在其下方输入"每年 3 月 22 日"文本，设置文本颜色为白色，并在"字符"面板中设置文本的字体和字号，如图 4-70 所示。

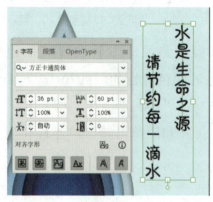
图 4-69

图 4-70

5. 添加装饰图案

（1）将"文本"图层锁定，新建一个图层，并命名为"装饰图案"，如图 4-71 所示。

（2）在右侧画面的水面上绘制一只帆船，设置填色为白色，描边颜色为"#a0d5ef"，如图 4-72 所示。

图 4-71

图 4-72

（3）打开"海洋动物剪影 .ai"文件，如图 4-73 所示，将其中的动物剪影图形复制到海报的画面中，设置填色为白色，并调整它们的大小、位置和旋转角度，然后选择"窗口→透明度"命令，打开"透明度"面板，在其中设置动物剪影图形的不透明度为"30%"，如图 4-74 所示。

图 4-73

图 4-74

（4）将文件保存为"节约用水 .ai"（效果 / 项目 4/"节约用水 .ai"），完成本项目的制作。

<< KEHOU LIANXI
>>> 课后练习

（1）制作"端午节"海报（图 4-75）。端午节是中国传统节日之一，具有丰富的文化内涵，最具有代表性的节日活动是龙舟竞渡和吃粽子，因此，"端午节"海报的设计应该突出这两个主题元素。在图形设计方面，采用简洁明了的线条表现粽子、龙舟和山峰等元素。在文字设计方面，采用手写字体的形式，同时，为了使文字更加醒目，还可以采用与背景色形成对比的颜色。在细节处理方面，可以在海报中加入一些小元素，如波纹、云朵等，以丰富画面内容（素材 / 项目 4/"粽子、龙舟 .ai"、效果 / 项目 4/"端午节 .ai"）。

（2）制作"音乐节"海报（图 4-76）。该海报以音乐节为主题，营造音乐节的氛围并传达相关信息。在色彩选择方面，采用鲜艳的颜色，以吸引观众的注意力。在图形设计方面，可以采用与音乐相关的元素，如音符、吉他、扬声器等，以突出音乐节的主题。在文字设计方面，活动名称、时间地点等信息应采用清晰易读的字体，以便观众快速获取信息（素材 / 项目 4/ "五线谱 .ai" "音乐符号 .ai"、效果 / 项目 4/ "音乐节 .ai"）。

图 4-75

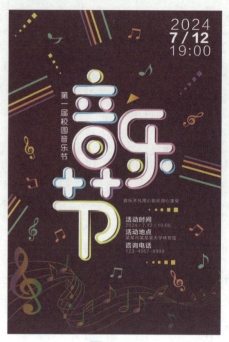

图 4-76

　**海报的概念、分类及设计原则**

1. 海报的概念

海报是一种广泛用于宣传、推广和展示信息的视觉传达形式。它通过图形、文字、色彩等视觉元素，吸引人们的注意力，传递特定的信息或宣传特定的内容。海报在各种场合和领域都有广泛应用，如商业广告、文化活动、公益宣传等。

2. 海报的分类

（1）商业海报：商业海报主要用于宣传和推广商业产品或服务，包括产品海报、促销海报、品牌形象海报等。商业海报通常注重传达产品或服务的核心信息，吸引消费者，提高销售量，如图 4-77 所示。

（2）文化海报：文化海报主要用于宣传和推广文化活动，如音乐会、展览、演出等。文化海报通常注重传递活动的主题、氛围和文化内涵，吸引目标观众，扩大活动的影响力，如图 4-78 所示。

（3）公益海报：公益海报主要用于宣传和推广公益事业，如环保、教育、慈善等。公益海报通常注重传递公益理念、价值观和社会责任，呼吁人们关注和参与公益事业，如图 4-79 所示。

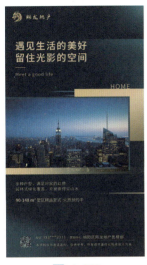

图 4-77　　　　　　　　　　　图 4-78　　　　　　　　　　图 4-79

3. 海报的设计原则

（1）主题明确：海报的主题是传达信息的关键，设计时应明确主题，确保观众能够快速理解海报的核心内容。

（2）简洁明了：海报应简洁明了，避免过多的装饰和复杂的布局。简洁的海报更容易吸引人们的注意力，并传达信息。

（3）突出重点：海报应突出重点信息，使用醒目的字体和颜色，强调重要的内容。重点信息应明显突出，以便观众快速捕捉到关键信息。

（4）创意独特：创意是海报的灵魂，设计时应注重创意的独特性，通过独特的创意，使海报在众多信息中脱颖而出，吸引人们的注意力。

（5）符合规范：设计时应遵循相关的规范和标准，如字体、色彩、布局等方面的规范。符合规范的海报更具专业性和可信度。

项目 5

UI 设计——设计旅游 App 界面

学习目标

【知识目标】

• 了解 UI 设计的基本原则和要素。

• 掌握画板的基本操作和管理方法。

• 学习"外观"面板的使用技巧。

• 理解模糊效果、剪切蒙版等高级功能的应用。

【能力目标】

• 能够设计出符合用户体验需求的界面。

• 能够熟练运用工具进行界面元素的布局和设计。

【素养目标】

• 培养学生的用户思维和设计理念。

• 提高学生的界面设计能力和创新思维。

<<< XIANGMU ZHISHI
>>> 项目知识

知识点1　画板的操作

新建的 Illustrator 文件中只有一个画板，但有时需要进行多页面的设计，或需要调整画板的位置或大小，这时就需要使用"画板工具"和"画板"面板对画板进行操作。

1. "画板工具"

使用"画板工具" 可以进行调整画板大小、移动 / 复制画板、新建画板等操作。

（1）调整画板大小：选择"画板工具" ，在画板四周将显示 8 个控制点，拖动这些控制点可以调整画板大小，如图 5-1 所示。按住"Shift"键不放，拖动这些控制点可以等比例缩放画板。

（2）移动画板：选择"画板工具" ，将鼠标指针移动到画板内部，按住鼠标左键不放并拖动，可以移动画板，如图 5-2 所示。按住"Alt"键不放并拖动鼠标可以复制画板，如图 5-3 所示。

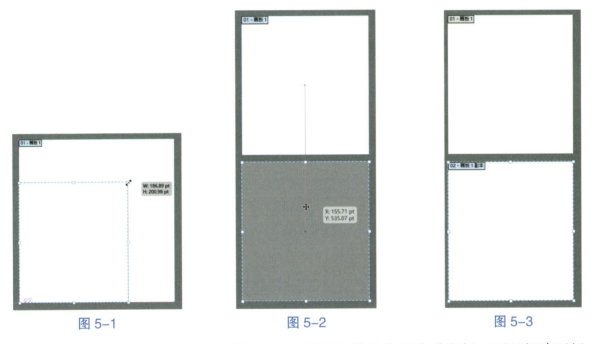

图 5-1　　　　　　　　图 5-2　　　　　　　　图 5-3

（3）新建画板：选择"画板工具" ，在画板以外的位置拖动鼠标，可以新建画板，如图 5-4 所示。

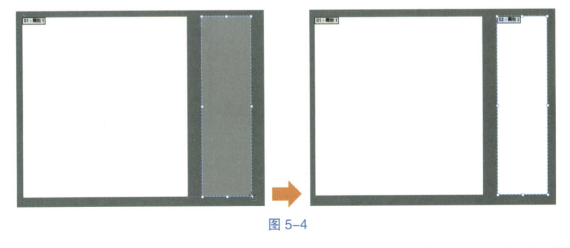

图 5-4

（4）删除画板：选择"画板工具" ，选择要删除的画板，按"Delete"键可以删除画板。不过画板中的内容并不会被删除。

2. "画板" 面板

选择"窗口→画板"命令，打开"画板"面板，如图 5-5 所示，其中常用的操作如下。

（1）修改画板名称：双击要修改名称的画板位置，在出现的文本框中输入新的名称，然后按"Enter"键确认，如图 5-6 所示。

（2）调整画板顺序：选择要移动的画板，然后将其拖动到新的位置，从而调整画板的顺序，如图 5-7 所示。也可以通过单击"上移"按钮 ▲ 或"下移"按钮 ▼ 来向上或向下移动画板。

（3）新建画板：单击"新建画板"按钮 ⊞，可以新建一个与当前画板大小相同的画板。

（4）删除画板：单击"删除画板"按钮 🗑，可以删除当前选择的画板。

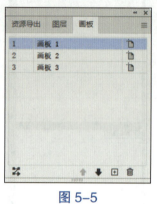
图 5-5

图 5-6

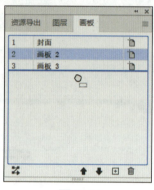
图 5-7

（5）重新排列所有画板：单击"重新排列所有画板"按钮 ⚏，打开"重新排列所有画板"对话框，在其中设置列数和间距等参数后，单击 确定 按钮，可以按照画板的顺序对画板进行排列，如图 5-8 所示。

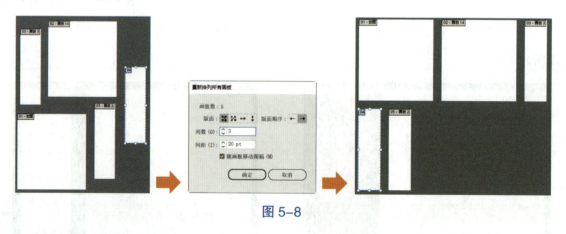
图 5-8

知识点2 "外观"面板

通过"外观"面板可以集中查看或修改对象应用的外观效果，如对象的描边、填充、效果。选择"窗口→外观"命令，打开"外观"面板，如图 5-9 所示，在其中可查看并编辑对象应用的所有外观效果。

"外观"面板各按钮功能介绍如下。

（1）添加新描边 □：选择一个图形对象，在"外观"面板显示该对象的描边属性，单击"添加新描边"按钮 □，可创建新的描边属性。

图 5-9

（2）添加新填色 ■：选择一个图形对象，在"外观"面板底部单击"添加新填色"按钮 ■，可创建新的填充属性。

（3）添加新效果 fx.：选择一个图形对象，在"外观"面板底部单击"添加新效果"按钮 fx.，在弹出的快捷菜单中选择一种效果命令，在打开的对话框中设置参数，单击 确定 按钮。

（4）清除外观 ⊘：选择一个图形对象，在"外观"面板底部单击"清除外观"按钮 ⊘，可以清除该对象的所有外观属性。单击"外观"面板右上角的 ☰ 按钮，在弹出的快捷菜单中选择"清除外观"命令，也可以清除所有添加的效果。

（5）复制所选项目 ⊞：在"外观"面板中选择一项外观属性，单击该按钮可复制外观属性。

（6）fx.图标：选中带有效果的对象，单击效果名称或双击效果名称后的 fx.图标，将重新打开效果设置窗口，以便进行参数的更改；也可上下拖拽效果名称以调整效果顺序，更改对象的显示效果。

（7）删除效果 🗑：选中带有效果的对象，单击需要删除效果的名称，在"外观"面板底部单击"删除"按钮 🗑，可将该效果删除。

知识点3　模糊效果

选择"效果→模糊"命令，在弹出的子菜单中有"径向模糊""特殊模糊""高斯模糊"3种效果命令，选择任意效果命令将打开对应的对话框，设置参数后，便可运用该模糊效果。

（1）径向模糊：径向模糊以一个点为中心向四周（缩放选项）发散模糊，或以一个点为中心做旋转（旋转选项）模糊，使图像产生旋转或运动的效果，如图 5-10 所示。

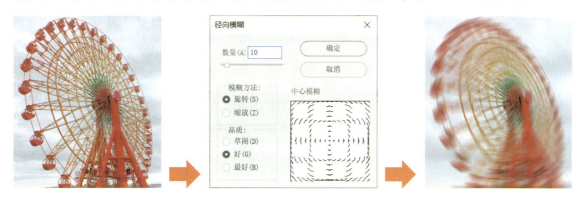

图 5-10

（2）特殊模糊：特殊模糊可以使图像产生较为轻微的模糊效果，常用来制作柔化效果，如图 5-11 所示。

图 5-11

（3）高斯模糊：高斯模糊可以使图像变得模糊柔和，类似"羽化"效果，可以用来制作倒影、投影、阴影等效果，如图 5-12 所示。

图 5-12

知识点4　剪切蒙版

1. 创建面板

使用剪切蒙版可以将一个图形设置为其他对象的蒙版，蒙版外部的内容将变为完全透明。选择要创建剪切蒙版的多个对象（注意，作为蒙版的图形要放置于最上层），选择"对象→剪切蒙版→建立"命令（或按"Ctrl+F7"组合键），创建剪切蒙版，如图 5-13 所示。

图 5-13

提示　选择要创建剪切蒙版的多个对象，单击鼠标右键，在弹出的快捷菜单中选择"建立剪切蒙版"命令，或单击"图层"面板右上方的 ≡ 按钮，在弹出的菜单中选择"建立剪切蒙版"命令，都可以创建剪切蒙版。

2. 编辑蒙版

选择"对象→剪切蒙版→编辑蒙版"命令，或双击蒙版对象，进入隔离模式，此时选择蒙版图形，可以修改整个蒙版的形状，如图 5-14 所示。选择蒙版中的内容，可以对蒙版的内容进行修改，如图 5-15 所示，也可以在其中增加和删除内容。编辑完成后在空白位置双击，可以退出隔离模式。

图 5-14

图 5-15

3. 释放蒙版

选择蒙版对象，选择"对象→剪切蒙版→释放"命令（或按"Ctrl+F7"组合键），可以释放蒙版对象，还原为原来的效果。

<<< XIANGMU SHISHI
>>> 项目实施

1. 解析设计思路与设计方案

本项目要设计一款旅游 App 界面，最终效果如图 5-16 所示，具体步骤如下。

（1）制作引导页。

（2）制作登录界面。

（3）制作手机显示效果。

图 5-16

2. 制作引导页

（1）启动 Illustrator 2023，新建一个"iPhone X"大小的文件。

（2）选择"矩形工具" ▣，在画面下方绘制一个矩形，设置填色为"#1a85df"，描边颜色为"无"，在如图 5-17 所示。

（3）选择"文字工具" T，在矩形中输入"相约游"和"世界那么美 一起去看看"2行文本，将文本颜色设置为白色，并设置字体和字号，如图 5-18 所示。

（4）在整个画面上方绘制一个矩形，如图 5-19 所示。

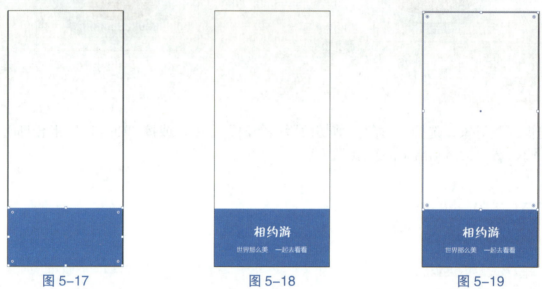

图 5-17　　　　　　　图 5-18　　　　　　　图 5-19

（5）置入"p1.png"文件（素材 / 项目 5/"p1.png"），调整大小和位置，使其 4 周都超过矩形，选择"对象→排列→后移一层"命令（或按"Ctrl+["组合键）将其移动到矩形的下方，如图 5-20 所示。

（6）选择"效果→模糊→高斯模糊"命令，打开"高斯模糊"对话框，设置半径为"20"像素，如图 5-21 所示，单击 ⬭确定 按钮，效果如图 5-22 所示。

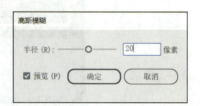

图 5-20　　　　　　　图 5-21　　　　　　　图 5-22

（7）选择图像和其上方的矩形，选择"对象→剪切蒙版→建立"命令（或按"Ctrl+F7"组合键），创建剪切蒙版，如图 5-23 所示。

（8）复制创建剪切蒙版后的图像，缩小并调整位置，然后设置描边颜色为白色，描边粗细为"20 pt"，如图 5-24 所示。

（9）双击创建剪切蒙版后的图像，进入隔离模式，选择其中的图像，选择"查看→外观"命令（或按"Shift+F6"组合键），打开"外观"面板，选择"高斯模糊"选项，单击"删除"按钮，如图 5-25 所示。

图 5-23　　　　　　　　　　图 5-24　　　　　　　　　　图 5-25

（10）在空白位置双击，退出隔离模式，完成后的效果如图 5-26 所示。

（11）打开"手机信息栏 .ai"文件（素材 / 项目 5/ "手机信息栏 .ai"），将其中的图形复制到画板中，并调整大小和位置，如图 5-27 所示。

图 5-26　　　　　　　　　　　　　图 5-27

3. 制作登录界面

（1）选择"窗口→渐变"命令，打开"画板"面板，将"画板 1"重命名为"引导页"，单击"新建画板"按钮 ，新建一个画板，并重命名为"登录界面"，如图 5-28 所示。

（2）置入"背景 .png"文件（素材 / 项目 5/ "背景 .png"），调整其大小与画板大小相同，如图 5-29 所示。

（3）复制"引导页"画板中的"手机信息栏"图形，选择"登录界面"画板，选择"编辑→就地粘贴"命令（或按"Shift+Ctrl+V"组合键），将其粘贴到"登录界面"画板的相同位置，如图 5-30 所示。

图 5-28　　　　　　　　图 5-29　　　　　　　　图 5-30

（4）选择"文字工具" **T**，在"手机信息栏"图形下方输入"<"和"登录"文本，设置文本格式为"微软雅黑、加粗、56 pt、白色"，如图 5-31 所示。

（5）选择"矩形"工具 **□**，在"登录"文本下方绘制两个大小相同的矩形，将左侧矩形左边的两个边角和右侧矩形右边的两个边角的大小设置为"30 pt"，设置左侧矩形的填色为"#1a85df"，描边颜色为白色，右侧矩形的填色为白色，描边颜色为"#1a85df"，如图 5-32 所示。

（6）选择"文字工具" **T**，在左侧矩形中输入"账号登录"文本，设置文字格式为"微软雅黑、60 pt、白色"，在右侧矩形中输入"动态密码登录"文本，设置文字格式为"微软雅黑、60 pt、#1a85df"，如图 5-33 所示。

图 5-31　　　　　　　　图 5-32　　　　　　　　图 5-33

（7）选择"矩形工具" **□**，在画板中绘制一个矩形，设置边角的大小为"30 pt"，填色为白色，描边颜色为"#1a85df"，如图 5-34 所示。

（8）在"外观"面板中将填色的不透明度设置为"50%"，如图 5-35 所示。

图 5-34　　　　　　　　　　　　　　　　　　　图 5-35

（9）在矩形上绘制两个大小相同的矩形，设置边角的大小为"30 pt"，填色为白色，描边颜色为"#1a85df"，在"外观"面板中将描边的不透明度设置为"50%"，如图 5-36 所示。

（10）打开"用户、密码 .ai"文件（素材 / 项目 5/ "用户、密码 .ai"），将其中的图标复制到画板中，并调整大小和位置，如图 5-37 所示。

（11）选择"文字工具" T.，在上方矩形中输入"手机号 / 会员名 / 昵称 / 邮箱"文本，在下方的矩形中输入"密码"文本，设置字体格式为"微软雅黑、36 pt、#999999"。在下方的矩形的右下方输入"找回密码"文本，设置文字格式为"微软雅黑、48 pt、#666666"，如图 5-38 所示。

图 5-36　　　　　　　　　　图 5-37　　　　　　　　　　图 5-38

（12）绘制两个大小相同的矩形，设置边角大小为"30 pt"，设置上方矩形的填色为"#1a85df"，描边颜色为白色，下方矩形的填色为白色，描边颜色为"#1a85df"，如图 5-39 所示。

（13）选择"文字工具" T.，在上方矩形中输入"登录"文本，设置文本格式为"微软雅黑、60 pt、白色"，在下方矩形中输入"注册新用户"文本，设置文字格式为"微软雅黑、60 pt、#1a85df"，如图 5-40 所示。

（14）在画面下方输入"第三方账号登录"文本，设置文字格式为"微软雅黑、60 pt、#666666"，置入"QQ.png""wx.png""wb.png""zfb.png"文件（素材 / 项目 5/ "QQ.png""wx.png""wb.png""zfb.png"），将 4 张图像的大小调整为 100 px×100 px，并排列在"第三方账号登录"文本下方，如图 5-41 所示。

图 5-39   图 5-40   图 5-41

（15）在 QQ 图像上绘制一个直径为 100 px 的圆，选择 QQ 图像和圆，按"Ctrl+F7"组合键创建剪切蒙版，如图 5-42 所示。

（16）使用相同的方法为其他 3 张图像创建剪切蒙版，如图 5-43 所示。

图 5-42   图 5-43

4. 制作手机显示效果

（1）在"画板"面板中选择"引导页"选项，单击 ▤ 按钮，在打开的菜单中选择"复制画板"命令，如图 5-44 所示，从"引导页"画板复制出一个"引导页 副本"画板。

（2）在"引导页 副本"画板中绘制一个和画板大小相同的矩形，并设置边角大小为"160 pt"，选择所有对象，按"Ctrl+F7"组合键创建剪切蒙版，如图 5-45 所示。

（3）将创建的剪切组对象的宽度和高度各减小 30 px，如图 5-46 所示。

图 5-44   图 5-45   图 5-46

（4）置入"手机框 .png"文件（素材 / 项目 5/ "手机框 .png"），调整其大小与画板大小相同，如图 5-47 所示。

（5）使用相同的方法制作登录界面的手机显示效果，如图 5-48 所示。

图 5-47

图 5-48

◀◀◀　KEHOU LIANXI
▶▶▶ 课后练习

（1）制作"相约游"App 主界面（图 5-49）。"相约游"App 主界面由 4 部分组成，最上面为 Banner，用于展示相关的 Banner 广告；然后是 2 行按钮，提供了该 App 的主要功能；接着是一个胶囊广告，为重点活动或栏目提供入口；最后是"周边游"栏目［素材／项目 5/"banner.png/ico/jpg""旅游攻略.png""背景.png""手机框.png"、效果／项目 5/"相约游（主界面）.ai"］。

（2）制作图文创作分享 App 的文章页面（图 5-50）。该 App 的文章页面由 3 部分组成，上半部分为吸引眼球的图片和标题文字，中间部分为正文内容，下半部分为收藏和评论按钮（素材／项目 5/"紫砂壶.png"、效果／项目 5/"手机文章页面.ai"）。

图 5-49

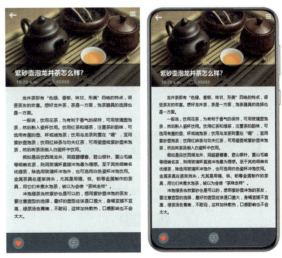

图 5-50

拓展阅读 UI 设计的概念、分类及设计原则

1. UI 设计概念

UI 设计，简单来说，就是对软件、网页或者应用程序的外观和交互方式进行的设计。设计师通过研究用户需求和行为习惯，使用图形、布局、色彩和字体等元素，创造出直观、易用的界面。一个好的 UI 设计应当能够快速有效地传达信息，同时提供流畅的交互体验。

2. UI 设计的分类

（1）网页 UI 设计：网页 UI 设计主要应用于网页设计和开发。设计师需要考虑如何在有限的屏幕空间内有效地展示信息，以及如何使界面在不同设备和浏览器中看起来一致，如图 5-51 所示。

（2）移动 UI 设计：移动设计主要应用于手机和平板电脑应用程序的设计。由于移动设备的屏幕尺寸有限，所以设计师需要特别注意如何创建直观、简洁的界面，以便用户在各种使用场景下都能快速访问所需的信息，如图 5-52 所示。

图 5-51

图 5-52

（3）桌面 UI 设计：桌面 UI 设计主要应用于计算机软件和操作系统的设计。相较于移动设备和网页，桌面设备有更大的显示空间，因此设计师有更多可能性创造复杂的界面和丰富的交互效果，如图 5-53 所示。

（4）游戏 UI 设计：游戏 UI 设计主要用于电子游戏的设计。除基本的布局和视觉元素，设计师还需要考虑游戏的整体风格和世界观，以及如何提供有吸引力的交互体验，如图 5-54 所示。

图 5-53

图 5-54

（5）其他 UI 设计：随着技术的发展，还出现了许多其他类型的 UI 设计，如智能家居设备、可穿戴设备、虚拟现实和增强现实应用的 UI 设计等。这些领域的 UI 设计都有其独特的要求和特征。图 5-55 所示为智能电视的 UI 设计。

图 5-55

3. UI 设计原则

设计师在进行 UI 设计的过程中，面临的最大挑战并非创造出引人注目的视觉效果，而是通过设计创造一种完美的用户体验。在进行 UI 设计时，需从简易性、用户语言、记忆负担、一致性、清晰度、用户的熟悉程度、用户喜好、排列、安全性、灵活性、人性化等方面考虑。

（1）简易性。UI 设计应当尽可能简单明了，避免不必要的复杂性。简单的 UI 设计能让用户更快速地理解和使用产品。

（2）用户语言。在 UI 设计过程中应使用用户熟悉的词汇和表述方式，避免使用过于专业或晦涩难懂的术语。

（3）记忆负担。人类的短时记忆是有限的，在 UI 设计中，应合理利用记忆规律，尽可能减轻用户的记忆负担，使用户能更专注于内容本身。

（4）一致性。保持 UI 设计的一致性有助于用户理解和使用产品，同时也能提升产品的品质和品牌形象。

（5）清晰度。信息的呈现应当清晰明了，为了方便用户浏览信息，可以将重要的内容通过颜色、大小、字体等突出表现。

（6）用户的熟悉程度。考虑到用户对类似产品的熟悉程度，UI 设计应当尽可能符合用户的预期和习惯。

（7）用户喜好。应研究和分析用户喜好，以此为依据进行 UI 设计，满足用户需求。

（8）排列。合理的布局和排列有助于提高界面的可读性和易用性。

（9）安全性。保证用户数据和隐私的安全，让用户在使用界面的过程中感到安全可靠。

（10）灵活性。UI 设计应当适应不同的设备和屏幕大小，提供灵活的使用体验。

（11）人性化。UI 设计应坚持以人为本的设计理念，关注用户情感和体验，让产品更加贴近用户需求和习惯。

项目 6

广告设计——设计"浓情端午"粽子广告

　　随着市场经济的繁荣和消费者需求的多样化，广告设计成了连接企业与消费者的重要桥梁。作为一种高度综合性和实用性的艺术形式，广告设计旨在通过视觉、文字等多种手段，将产品信息、品牌形象和营销理念有效地传达给目标受众。通过Illustrator，设计师可以轻松地创建和编辑各种矢量图形，包括徽标、海报、插画等，实现广告的多样化和个性化表达。同时，Illustrator还提供了丰富的文字处理和图像处理功能，使设计师能够在广告设计中灵活地应用各种文字和图像元素，增强广告的视觉冲击力。

学习目标

【知识目标】

• 掌握渐变网格的制作方法和应用。

• 学习"自由变换工具"、橡皮擦工具组等的使用技巧。

• 了解"重复"命令、"变形"效果、"扭曲和变换"效果等高级功能。

• 掌握封套扭曲的使用方法。

【能力目标】

• 能够设计出具有吸引力和宣传效果的广告。

• 能够合理运用工具和技巧提升广告的设计感和视觉冲击力。

【素养目标】

• 培养学生对传统节日文化的理解和尊重。

• 提升学生的广告创意构思能力，增强学生的市场营销意识。

知识点1 渐变网格

使用渐变网格可以为图形添加多条横竖交叉的网格线，网格线交叉形成的点是网格点，通过为网格点设置不同的颜色，以及调整网格点的位置和网格线的形状，可以为图形设置复杂而精细的渐变填色效果。

1. 创建渐变网格

（1）使用"网格工具"创建。选择要添加渐变网格的图形，如图6-1所示。选择"网格工具" ，在图形内部或边缘处单击，可以将图形创建为渐变网格对象，在图形中增加了横、竖两条网格线，如图6-2所示。继续在图形中单击，可以增加更多网格线，如图6-3所示。

图6-1　　　　　　　　图6-2　　　　　　　　图6-3

（2）使用"创建渐变网格"对话框创建。选择要添加渐变网格的图形，选择"对象→创建渐变网格"命令，打开"创建渐变网格"对话框，设置参数后，单击"确定"按钮，可以将图形创建为渐变网格对象，如图6-4所示。

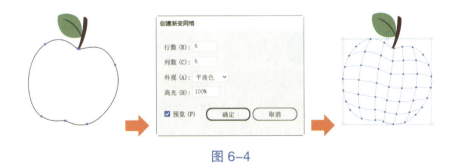

图6-4

该对话框中各参数的作用如下。

①行数：设置网格的行数。

②列数：设置网格的列数。

③外观：如果图形本身有填色，则通过该下拉列表可以设置图形的高光位置和表现方式，它有"平淡色""至中心""至边缘"3个选项，效果图6-5所示。

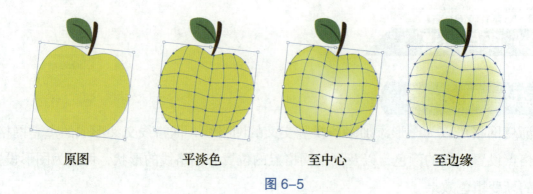

原图　　　　　　平淡色　　　　　　至中心　　　　　　至边缘

图 6-5

④高光：设置高光的强度。

> 💡 **提示**　　　选择"网格工具" ▦，按住"Alt"键不放，单击网格线可以删除该网格线，单击网格点可以删除在该网格点处交叉的两条网格线。

2. 设置网格点颜色

选择"网格工具" ▦，单击选中网格点，在"颜色"或"色板"面板中可以设置网格点颜色，如图 6-6 所示。使用"网格工具" ▦ 拖动网格点可以移动网格点，如图 6-7 所示。使用"网格工具" ▦ 拖动网格点的手柄可以调整网格线的形状，如图 6-8 所示。

图 6-6　　　　　　　　　　图 6-7　　　　　　　　　　图 6-8

知识点2　自由变换工具

选择"自由变换工具" ▨，将显示一个工具栏，包括"限制" ▨、"自由变换" ▨、"透视扭曲" ▱、"自由扭曲" ◪ 4 个按钮，如图 6-9 所示。

选择"自由变换工具" ▨后，默认单击"自由变换" ▨按钮，此时在图形四周将显示 8 个控制点。水平拖动左、右两个控制点，可以调整图形的宽度，如图 6-10 所示；垂直拖动左、右两个控制点，可以垂直倾斜图形，如图 6-11 所示；垂直拖动上、下两个控制点，可以调整图形的高度，如图 6-12 所示；水平拖动上、下两个控制点，可以水平倾斜图形，如图 6-13 所示；拖动 4 个角的控制点，可以同时调整图形的宽度和高度，如图 6-14 所示；单击"限制" ▨按钮，拖动 4 个角的控制点，可以等比例缩放图形；将鼠标移动到图形外并拖动鼠标，可以旋转图形，如图 6-15 所示。

图 6-9

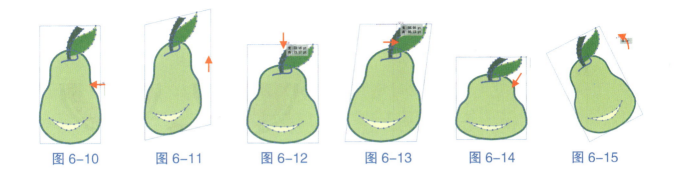

图 6-10　　　　图 6-11　　　　图 6-12　　　　图 6-13　　　　图 6-14　　　　图 6-15

提示　　使用鼠标拖动图形的中心点 ◈，可以调整其位置，在旋转时，将以新位置为中心进行旋转。

单击"透视扭曲" 按钮，在图形的 4 个角将显示 4 个控制点。水平拖动一个控制点，将同步调整水平方向上另一个控制点的位置，如图 6-16 所示；垂直拖动一个控制点，将同步调整垂直方向上另一个控制点的位置，如图 6-17 所示。

单击"自由扭曲" 按钮，在图形的 4 个角将显示 4 个控制点，使用鼠标拖动可以任意调整控制点的位置，如图 6-18 所示。单击"限制" 按钮，拖动某个控制点，可以等比例缩放控制点两边的线段。

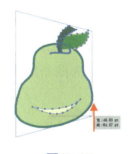

图 6-16　　　　　　　　　图 6-17　　　　　　　　　图 6-18

知识点3　橡皮擦工具组

橡皮擦工具组主要用于擦除、分割和断开路径，包括"橡皮擦工具""剪刀工具""美工刀工具" 3 种工具，具体介绍如下。

1. 橡皮擦工具

使用"橡皮擦工具" 可以擦除图形中的部分内容。选择"橡皮擦工具" 后，可以按"[" 键或 "]" 键调整橡皮擦的大小，或双击"橡皮擦工具" ，打开"橡皮擦工具选项"对话框，在其中设置角度、圆度、大小等参数，单击 确定 按钮，如图 6-19 所示。然后，在图形上移动可以擦除橡皮擦经过区域的内容，如图 6-20 所示。

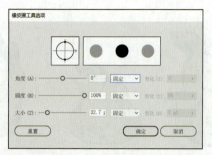

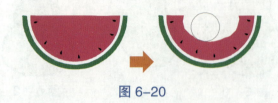

图 6-19   图 6-20

2. 剪刀工具

使用"剪刀工具" 在路径上任意位置单击，路径就会在单击的位置被剪开，然后就可以对剪开路径所形成的锚点进行各种编辑操作，如图 6-21 所示。

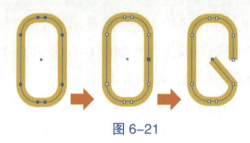

图 6-21

3. 美工刀工具

使用"美工刀工具"可以将一条闭合路径分割为两条闭合路径。选择"美工刀工具"，在闭合路径外按住鼠标左键不放，拖动鼠标穿过整个闭合路径，在闭合路径外释放鼠标，闭合路径将从鼠标经过的位置被分割为两条闭合路径，如图 6-22 所示。

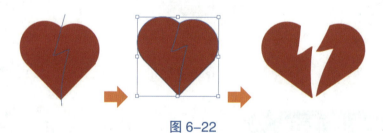

图 6-22

知识点4   "重复"命令

使用"重复"命令可以将一个对象按一定的规则复制出多个对象。选择对象，选择"效果→重复"命令，在打开的子菜单中有"径向""网格""镜像"3 种重复效果命令。

1. "径向"重复效果

选择"效果→重复→径向"命令，可以使选择的对象在一个圆上进行重复，如图 6-23 所示。拖动控制点，可以调整圆的半径大小，如图 6-24 所示。拖动控制点，可以调整重复对象的起止位置，如图 6-25 所示。拖动控制点，可以调整重复对象的数量，如图 6-26 所示。

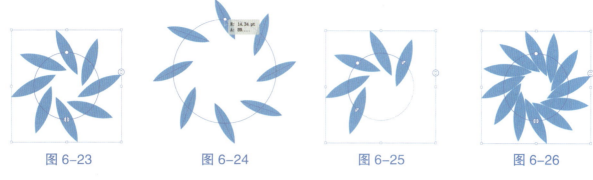

图 6-23　　　　　　图 6-24　　　　　　图 6-25　　　　　　图 6-26

2. "网格"重复效果

选择"效果→重复→网格"命令，可以使选择的对象在水平和垂直方向上进行重复，如图 6-27 所示。拖动⊙控制点，可以调整重复对象在水平方向上的间距，如图 6-28 所示。拖动⊙控制点，可以调整重复对象在垂直方向上的间距，如图 6-29 所示。拖动 控制点，可以调整重复对象整体的宽度，如图 6-30 所示。拖动⊂⊃控制点，可以调整重复对象整体的高度，如图 6-31 所示。

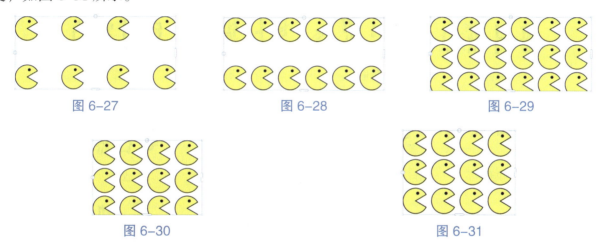

图 6-27　　　　　　　　　图 6-28　　　　　　　　　图 6-29

图 6-30　　　　　　　　　　　　图 6-31

3. "镜像"重复效果

选择"效果→重复→镜像"命令，可以使选择的对象重复出一个镜像对象，如图 6-32 图所示。拖动直线中间的○控制点，可以调整对象与镜像之间的距离，如图 6-33 所示。拖动直线两端的○控制点，可以调整直线的方向，如图 6-34 所示。

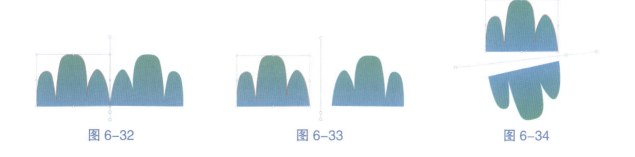

图 6-32　　　　　　　　图 6-33　　　　　　　　图 6-34

知识点5   "变形"效果

选择"效果→变形"命令，在打开的子菜单中将显示"变形"效果组的全部效果命令，如图6-35所示，选择任意变形效果，打开"变形选项"对话框，如图6-36所示，设置变形参数后，单击 确定 按钮，可将设置好的"变形"效果应用到选定的对象。各种"变形"效果如图6-37所示。

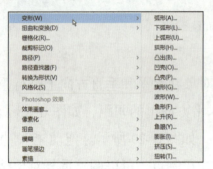

图 6-35

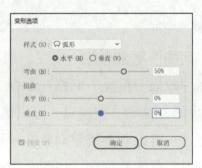

图 6-36

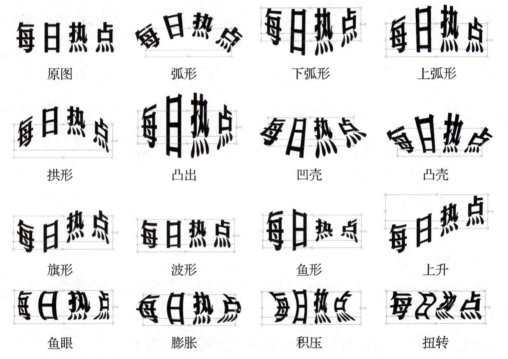

图 6-37

知识点6   "扭曲和变换"效果

选择"效果→扭曲和变换"命令，在弹出的子菜单中可以看到"变换""扭拧""扭转""收缩和膨胀""波纹""粗糙化""自由扭曲"7种"扭曲和变换"效果。

（1）变换："变换"效果用于对对象进行缩放、移动、旋转、镜像等变换操作，并且可以创建多个副本。选择"效果→扭曲和变换→变换"命令，打开"变换效果"对话框，设置参数后单击 确定 按钮，应用"变换"效果，如图6-38所示。

图 6-38

（2）扭拧："扭拧"效果用于将所选对象随机地进行弯曲和扭曲。选择"效果→扭曲和变换→扭拧"命令，打开"扭拧"对话框，设置参数后单击 确定 按钮，应用"扭拧"效果，如图 6-39 所示。

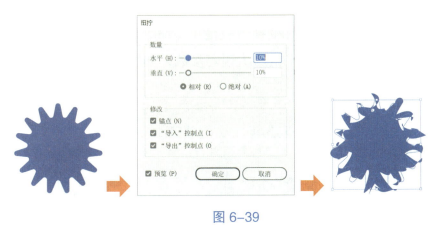

图 6-39

（3）扭转："扭转"效果用于顺时针或逆时针扭转对象的形状。选择"效果→扭曲和变换→扭转"命令，在打开的"扭转"对话框中可以设置扭转的角度，如图 6-40 所示。

图 6-40

（4）收缩和膨胀："收缩和膨胀"效果用于对所选对象进行收缩或膨胀变形。选择"效果→扭曲和变换→收缩和膨胀"命令，在打开的"收缩和膨胀"对话框中可以设置收缩或膨胀强度，如图 6-41 所示。

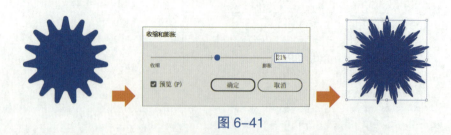

图 6-41

（5）波纹："波纹"效果用于使路径边缘产生波纹化扭曲效果。选择"效果→扭曲和变换→波纹"命令，在打开的"波纹效果"对话框中可以定义波纹的大小、每段的隆起数、平滑、尖锐等参数，如图 6-42 所示。

图 6-42

（6）粗糙化："粗糙化"效果用于使对象边缘产生大小不一的锯齿形状，给人凹凸不平、粗糙的视觉效果。选择"效果→扭曲和变换→粗糙化"命令，在打开的"粗糙化"对话框中可以设置大小、相对、绝对、细节、平滑、尖锐等参数，如图 6-43 所示。

图 6-43

（7）自由扭曲：选择"效果→扭曲和变换→自由扭曲"命令，在打开的"自由扭曲"对话框中可以为对象添加方形控制框，调整方形控制框的四角控制点的位置来使对象变形，如图 6-44 所示。

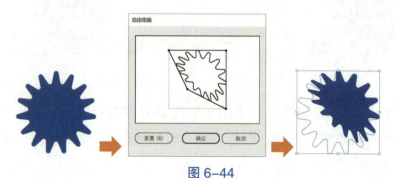

图 6-44

知识点7 封套扭曲

封套是用于对选定对象进行扭曲和变形的一种对象。为对象创建封套后，设计师可以通过调整封套上节点的位置和手柄来精确调整对象的"变形"效果。

选择"对象→封套扭曲"命令，在打开的子菜单中有"用变形建立""用网格建立""用顶层对象建立"3种建立封套的命令。

（1）用变形建立：选择"对象→封套扭曲→用变形建立"命令，打开"变形选项"对话框，选择变形样式，设置变形参数，单击 确定 按钮，可以将设置好的封套应用到选定的对象，如图6-45所示。

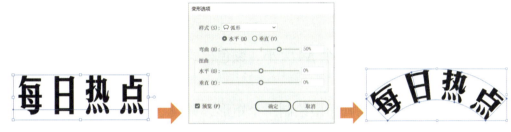

图6-45

（2）"用网格建立"命令：选择"对象→封套扭曲→用网格建立"命令，打开"封套网格"对话框，设置网格的行数和列数，单击 确定 按钮，为对象创建封套，然后使用"直接选择工具" ▷ 移动节点的位置，并调整手柄，以实现对象的"变形"效果，如图6-46所示。

图6-46

（3）"用顶层对象建立"命令：同时选择对象和对象上层的对象，选择"对象→封套扭曲→用顶层对象建立"命令，以顶层对象作为封套，将对象置于顶层封套内，并产生"变形"效果，如图6-47所示。

图6-47

提示 创建封套扭曲变形后，选择"对象→封套扭曲→用变形重置"命令可以使用预设的形状重新创建封套，选择"对象→封套扭曲→用网格重置"命令，可以使用网格重新创建封套。选择封套扭曲对象，选择"对象→封套扭曲→编辑内容"命令，对象将显示原来的选择框，此时可以修改封套中的内容。完成内容编辑后，选择"对象→封套扭曲→编辑封套"命令恢复封套编辑状态。

1. 解析设计思路与设计方案

本项目要求设计"浓情端午"粽子广告,最终效果如图 6–48 所示,具体步骤如下。

（1）制作背景。

（2）制作台历和主图。

（3）制作文本内容。

（4）制作其他内容。

2. 制作背景

（1）启动 Illustrator 2023,新建一个 A4 大小、颜色模式为 RGB 的文件。

（2）选择"矩形工具" ▭,在画面中绘制一个矩形,并设置填色为"#148b6b"～"#006f4f"、角度为 90° 的渐变色,如图 6–49 所示。

图 6–48

（3）绘制一个矩形,并设置填色为"#117f5c"～"#006347"、角度为 90° 的渐变色,第 2 个色标的位置为 50%,如图 6–50 所示。

图 6–49

图 6–50

（4）使用"椭圆工具"绘制两个椭圆,再使用"矩形工具" ▭ 绘制一个矩形,如图 6–51 所示。

（5）全选两个椭圆和一个矩形,然后使用"形状生成器" 🖱 生成图 6–52 所示的两个图形。

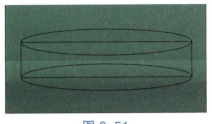

图 6-51

图 6-52

（6）为上方的椭圆设置填色为"#65bfa4"~"#016f47"，设置描边颜色为"无"。选择"网格工具" ，在下方的图形上单击添加网格，然后为各网格点设置深浅不同的绿色，设置描边颜色为"无"，完成后的效果如图 6-53 所示。

（7）选择"椭圆工具" ，在画面左上角绘制一个圆，并设置"#f8e1cd"~"#cdac8d"的径向渐变，中心点位置为 80%，如图 6-54 所示。

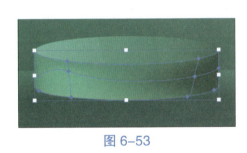

图 6-53

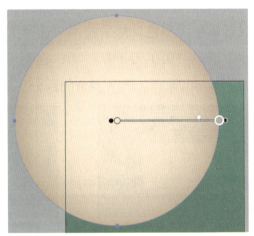

图 6-54

（8）选择"矩形工具" ，在画面中绘制一个矩形，如图 6-55 所示。

（9）选择圆和矩形，按"Ctrl+F7"组合键创建剪切蒙版，如图 6-56 所示。

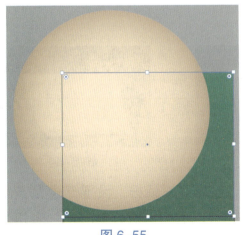

图 6-55

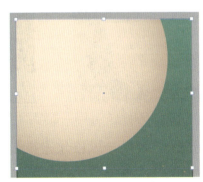

图 6-56

3. 制作台历和主图

（1）选择"矩形工具" ，在画面中绘制一个矩形，并设置填色为"#00623d"。选择"自由变换工具" ，向左拖动矩形上方的控制点，调整矩形的形状，如图 6-57 所示。

（2）按"Ctrl+C"组合键复制变形后的图形，再按"Shift+Ctrl+V"组合键在原位置粘贴，设置填色为"#1c8d6c"。选择"自由变换工具"，向左拖动矩形下方的控制点，调整图形的形状，如图 6-58 所示。

图 6-57

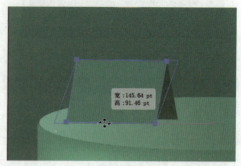
图 6-58

（3）按"Ctrl+C"组合键复制变形后的图形，再按"Shift+Ctrl+V"组合键在原位置粘贴，设置填色为白色，然后使用"选择工具"调整图形的宽度和高度，如图 6-59 所示。

（4）选择"美工刀工具"，在图形的左侧和右侧拖动两次鼠标，将图形分割为 3 个部分，如图 6-60 所示。删除多余的部分，完成后的效果如图 6-61 所示。

图 6-59

图 6-60

图 6-61

（5）使用"椭圆工具"绘制一个小圆，如图 6-62 所示。选择"剪刀工具"，在圆的路径右侧的两个位置上单击，将圆分割为两个弧形，删除右侧的小弧形，如图 6-63 所示。

（6）将描边颜色设置为"#fff5dc"，粗细为"3 pt"，端点为"圆头端点"，起点箭头形状为●——，箭头缩放为"30%"，如图 6-64 所示。

图 6-62

图 6-63

图 6-64

（7）选择"效果→风格化→投影"命令，打开"投影"对话框，设置模式为"正片叠底"，不透明度为"25%"，X 位移为"1 pt"，Y 位移为"1 pt"，模糊为"1 pt"，单击 确定 按钮，为图形添加投影效果，如图 6-65 所示。

（8）选择"对象→重复→网格"命令，向左拖动 控制点，缩小图形的间距，向上拖动 使对象显示 1 行，如图 6-66 所示。

图 6-65

图 6-66

（9）置入"粽子.png"文件（素材/项目6/"粽子.png"），调整大小和位置，然后使用"椭圆工具" ◯ 在图像中绘制一个圆，如图6-67所示。

（10）选择"粽子"图像和圆，按"Ctrl+F7"组合键创建剪贴蒙版，然后设置圆的描边颜色为"#c79f62"，粗细为"10 pt"，如图6-68所示。

图 6-67

图 6-68

4. 制作文本内容

（1）选择"文字工具" T，在画面中输入"浓情端午""粽享实惠"两行文本，设置字体为"方正粗宋简体"，字号为"72 pt"，行距为"95 pt"，字间距为"200"，字体颜色为"#00623d"，如图6-69所示。

（2）选择"效果→变形→挤压"命令，打开"变形选项"对话框，单击"水平"单选按钮，设置弯曲为"-14%"，垂直扭曲为"14%"，单击 确定 按钮，应用"挤压"效果，如图6-70所示。

图 6-69

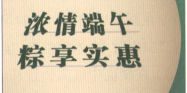

图 6-70

（3）选择"铅笔工具" ✎，在文本右侧绘制一个图形，如图6-71所示。

（4）设置图形的填色为"#d71619"，描边颜色为"无"，选择"效果→扭曲和变化→粗糙化"命令，设置大小为"2%"，细节为"40"。单击 确定 按钮，应用"粗糙"效果，如图6-72所示。

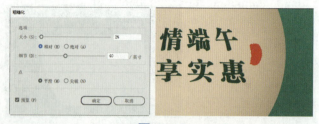

图 6-71　　　　　　　　　　　　　　　　　　　图 6-72

（5）选择"直排文字工具" **IT**，在画面中输入"端午"文本，设置字体为"方正硬笔楷书简体"，字号为"24 pt"，字体颜色为"白色"，如图 6-73 所示。

（6）选择"矩形工具" ▣，在画面中绘制两个交叉的矩形，并设置边角大小为"17.5 pt"，如图 6-74 所示。

图 6-73　　　　　　　　　　　　　　　　　　　图 6-74

（7）在"路径查找器"面板中单击"联集"按钮 ◼，将两个图形组合成一个图形，然后设置填色为"#f7dfcb"，描边颜色为白色，粗细为"10 pt"，如图 6-75 所示。

（8）选择"文字工具" **T**，在画板中输入"◆　全场五折起　◆"文本，设置字体为"微软雅黑"，字号为"30 pt"，字体颜色为"#006934"，两端的菱形的颜色为"#946134"，如图 6-76 所示。

图 6-75　　　　　　　　　　　　　　　　　　　图 6-76

（9）在画面中输入"2024 年""6 月 10 日"两行文本，设置字体为"方正粗宋简体"，字号为"24 pt"，字体颜色为"#006934"，如图 6-77 所示。

（10）在画面中输入地址和电话的文本，设置字体为"微软雅黑"，字号为"14 pt"，行距为"24 pt"，字体颜色为白色，如图 6-78 所示。

图 6-77　　　　　　　　　　　　　　　　　　　图 6-78

5. 制作其他内容

（1）选择"钢笔工具" ✏️，在画面右上角绘制一个图形，并设置填色为白色到透明的线性渐变色，如图 6-79 所示。

（2）选择"对象→封套扭曲→用网格建立"命令，打开"封套网格"对话框，设置行数为"4"，列数为"1"，单击 确定 按钮，如图 6-80 所示。

图 6-79

图 6-80

（3）选择"直接选择工具" ▷，调整封套上节点的位置，并调整控制手柄，为图形添加"扭曲"效果，如图 6-81 所示。

（4）选择"效果→模糊→高斯模糊"命令，打开"格式模糊"对话框，设置半径为"5"，单击 确定 按钮，为图形添加"模糊"效果，如图 6-82 所示。

图 6-81

图 6-82

（5）在"透明度"面板中将图形的不透明度设置为"50%"，如图 6-83 所示。

（6）复制一个图形，调整大小、位置和旋转角度，如图 6-84 所示。

图 6-83

图 6-84

（7）置入"仙鹤 .png"文件（素材 / 项目 6/ "仙鹤 .png"），调整大小、位置和旋转角度，如图 6-85 所示。

（8）置入"logo.ai"文件（素材 / 项目 6/ "logo.ai"）和"二维码 .ai"文件（素材 / 项目

6/"二维码 .ai"），调整大小、位置，如图 6-86 所示。

图 6-85

图 6-86

 KEHOU LIANXI
>>> 课后练习

（1）制作"数码相机"商品主图（图 6-87）。在电商平台的商品展示中，商品主图的作用至关重要。一张好的商品主图可以迅速吸引顾客的注意力，并传达商品的核心信息。在制作"数码相机"商品主图时首先要明确并突出商品的主题，即数码相机应置于图片的中心或主导位置，确保顾客一眼就能识别商品。另外，背景颜色和主商品的颜色要形成对比，使商品在图片中更加突出，背景颜色和风格应与数码相机的风格和特性协调，营造出和谐的整体感。再次，适当的文字说明可以帮助顾客更快地理解商品信息，如数码相机的配置、保修信息、优惠活动等关键信息。最后，为了吸引顾客的注意并促进购买，图中还应包含一些引导性信息，如"活动优惠价：2180 元"和"春节不打烊，质询有好礼"等（素材/项目 6/"数码相机 .png"、效果/项目 6/"商品主图 .ai"）。

（2）制作"新店开业"宣传单（图 6-88）。这是一张披萨店的新店开业宣传单，目标受众是披萨爱好者，特别是年轻人，因此，设计风格需充满活力与创意，以吸引这一充满活力的群体。内容上，需围绕"新店开业、优惠活动、特价促销"等关键词展开。布局上，选择清晰直观的排版方式，顶部设置醒目的标题，下方详细罗列产品介绍、价格表及各项优惠活动，进行逻辑清晰的信息展示。色彩上，应采用鲜艳且富有活力的色彩组合，打造视觉冲击力。在图片和文字内容的选取上，应使用高清、专业的产品图片，结合简洁有力的文字描述，突出价格及优惠信息。此外，在右下角设置一个二维码，以便顾客扫描，获取更多优惠信息。最后，在底部附上店铺地址和联系电话等实用信息，以便顾客查询与联络（素材/项目 6/"1.png"~"8.png"、效果/项目 6/"新店开业 .ai"）。

图 6-87

图 6-88

拓展阅读 **广告的概念、分类及设计原则**

1. 广告的概念

"广告"一词的表面含义是"广而告之",即广泛地传播信息。在现代商业社会中,广告发挥着至关重要的作用。它不仅可以帮助企业宣传形象,推广产品和服务,还可以传播各种信息,促进消费,为企业带来可观的经济效益。

广告设计是一种通过文字、色彩、版面、图形等元素进行艺术创意的活动。它旨在通过视觉元素的巧妙组合,创造具有吸引力和冲击力的广告作品,使目标受众能够产生兴趣,进而产生购买行为。在这个过程中,设计师需要深入理解产品的核心价值,了解目标受众的心理需求,同时运用创新的思维和技巧,将广告信息有效地传达给受众。

在商业社会中,广告已经成了一种重要的营销手段。它不仅可以提升品牌的知名度和美誉度,还可以增加产品的附加价值,促进销售。同时,广告也是企业形象的一部分,它可以展现企业的核心价值观和品牌形象,提升企业的整体竞争力。

2. 广告的分类

随着市场竞争的日益激烈,商家们为了使自己的产品从众多同类商品中脱颖而出,纷纷借助广告的力量进行宣传。这推动广告业迅速发展,广告的类型趋向多样化。常见的广告类型主要有以下几种。

(1)平面广告。平面广告是生活中最常见的宣传形式,它通过静态的图形、文字和色彩等多种元素呈现内容。平面广告多为纸质版,具有很强的随意性,能够进行大量印刷。平面广告的表现形式非常丰富,有报纸广告、DM单广告、POP广告、企业宣传册广告等多种形式,如图6-89所示。平面广告具有丰富的表现形式,能够满足不同客户的需求,从而可以吸引更多目标群体。

| 报纸广告 | DM单广告 | POP广告 | 企业宣传册广告 |

图6-89

(2)户外广告。除了平面广告,户外广告也是商家们常用的宣传工具之一。户外广告通常主要投放于交通流量较大、人流量较大的户外场地,其覆盖面广、视觉冲击力强,能够有效地吸引路人的注意力。户外广告通常包括灯箱广告、霓虹灯广告、单立柱广告、车身广告、LED 显示屏广告等多种类型，如图 6-90 所示。

灯箱广告　　　　　　　　　　霓虹灯广告　　　　　　　　　单立柱广告

车身广告　　　　　　　　　　　　　LED显示屏广告

图 6-90

（3）互联网广告。互联网广告是随着互联网技术的发展而兴起的一种广告形式。互联网广告具有传播快、覆盖面广、互动性强等特点，能够实现精准投放和个性化推荐。如今，互联网广告已经成为广告的重要组成部分，各种形式的互联网广告层出不穷，如搜索引擎广告、社交媒体广告、视频广告等，如图 6-91 所示。

搜索引擎广告　　　　　　　　社交媒体广告　　　　　　　　视频广告

图 6-91

3. 广告设计的原则

广告设计是商业活动中不可或缺的一环，它能够吸引顾客的注意力，传递商品或品牌的信息，从而促进销售。然而，要设计出成功的广告，必须遵循一些基本的设计原则。

（1）目标明确性原则：广告设计应围绕明确的目标市场和目标受众进行，确保信息传达的对象、目的和诉求点准确无误。

（2）真实性原则：广告的真实性是广告的生命和本质，也是广告的灵魂。广告宣传的内容要真实，必须与推销的产品或提供的服务一致，不能弄虚作假，也不能蓄意夸大，必须以客观事实为依据。

（3）形象性原则：随着人们生活水平的提高和科学技术的不断更新，同类商品的品质几乎大同小异，消费者在选择商品时，往往不把商品的功能因素放在首位，而是考虑商品所提供的形象——消费者购买的是商品，选择的是印象。因此，如何创造品牌和企业的良好形象，已是现代广告设计的重要课题。

（4）创新性原则：广告应富有创意和新颖性，能够吸引人们的注意力，区别于同类竞争广告，有效提升品牌或产品的形象。

（5）关联性原则：广告必须与产品关联、与目标关联、与广告联想引起的特别行为关联。广告如果没有关联性，就失去了目的。

（6）简明性原则：广告信息应当简洁清晰，易于理解和记忆，避免冗长复杂，能够让消费者在短时间内抓住广告所传达的核心信息。

（7）实效性原则：广告的实效性包括理解性和相关性。理解性就是广告被消费者接受的程度，广告设计要找到理解性和创造性的结合点。另外，应使消费者认可广告的内容，因此，广告设计必须考虑广告法规和广告受众的消费习惯和文化心理。

项目 7

封面设计——设计《少年科技 星空篇》图书封面

图书封面，作为图书的"门面"，是吸引读者、传达图书内容和风格的重要媒介。成功的图书封面设计，不仅要美观大方，还要与图书内容相得益彰，能够准确传达图书的主题和精髓。

▶ 学习目标

【知识目标】
- 了解颜色模式和"出血"设置等印刷相关知识。
- 掌握"区域文字工具""路径文字工具"等文本编辑工具的使用方法。
- 掌握"字形"面板、效果画廊、"光晕工具"等高级功能的使用方法。
- 理解重新着色的技巧和方法。
- 掌握将文件输出为 PDF 格式的操作流程。

【能力目标】
- 能够设计出符合图书主题和读者群体的封面。
- 能够熟练运用相关工具进行封面元素的布局和设计。

【素养目标】
- 培养学生对不同读者群体的审美和设计需求的敏感度。
- 提高学生的设计执行能力，以及对色彩、排版等设计元素的把握能力。

知识点1　颜色模式

在数字设计和印刷领域，RGB 和 CMYK 这两种颜色模式扮演着至关重要的角色。它们各有特色，适用于不同的场景和需求。

1. RGB 颜色模式

RGB 颜色模式是通过将红（Red）、绿（Green）、蓝（Blue）3 种基本色光混合来产生各种颜色，如图 7-1 所示。RGB 颜色模式广泛应用于计算机屏幕、投影仪等显示设备。在这些设备中，颜色是通过发光实现的，因此 RGB 颜色模式非常适合显示屏幕上的颜色。在 Illustrator 中，当设计作品主要用于屏幕显示时，通常选择 RGB 颜色模式。这是因为 RGB 颜色模式可以展现更为丰富的色彩，并且与屏幕显示的原理匹配。RGB 颜色模式下的设计作品直接在屏幕上预览时的色彩效果非常准确。

2. CMYK 颜色模式

CMYK 颜色模式是通过青（Cyan）、洋红（Magenta）、黄（Yellow）、黑（Black）4 种油墨来产生各种颜色，如图 7-2 所示。CMYK 颜色模式主要用于传统印刷领域，如海报、宣传册、图书等。在这些印刷品中，颜色是通过油墨在纸张上着色来实现的，因此 CMYK 颜色模式更符合印刷工艺的要求。在 Illustrator 中，当设计作品需要输出为印刷品时，必须选择 CMYK 颜色模式。这是因为 RGB 颜色模式所能表达的颜色比 CMYK 颜色模式更多，在印刷过程中很多颜色都无法准确还原，而 CMYK 颜色模式能够确保设计作品在印刷时能与显示的效果一致。

图 7-1

图 7-2

3. 转换文件的颜色模式

在新建 Illustrator 文件时，可以在"新建文档"对话框中通过"颜色模式"下拉列表设置文件的颜色模式。对于已经创建的文件，可以通过选择"文件→文档颜色模式→RGB 颜色"命令将其颜色模式转换为 RGB 颜色模式，或通过选择"文件→文档颜色模式→CMYK 颜色"命令将其颜色模式转换为 CMYK 颜色模式。

知识点2　"出血"设置

在印刷设计中，"出血"是一个看似简单却至关重要的概念。对于不熟悉印刷工艺的人来说，"出血"可能只是一个陌生的术语，但实际上，它是确保印刷品质量的关键要素。

　　"出血"，简单来说，就是在设计作品的边缘预留一定的空间（通常为 3 mm），以确保在切割或装订过程中不会因为微小的误差而损坏设计的主体部分。这个过程就像为作品加上了一层"保护边"，既保护了设计的完整性，也提升了印刷品的整体质感。

　　在新建 Illustrator 文件时，可以在"新建文档"对话框中通过"出血"栏设置文件的"出血"模式。对于已经创建的文件，可以选择"文件→文档设置"命令，在打开的"文档设置"对话框中进行设置，如图 7-3 所示。设置"出血"后的画板外侧有一个红色边框，即出血线，它与画板边缘之间的位置为出血区域，当作品中有内容处于作品边缘时，需要将其扩展至出血线的位置，如图 7-4 所示。

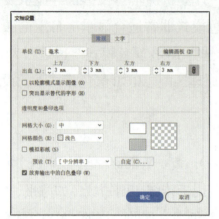

图 7-3

图 7-4

知识点3　"区域文字工具"和"直排区域文字工具"

　　使用"区域文字工具"⬚或"直排区域文字工具"⬚，可以在一个图形中输入文本，其中的文本将按照图形的形状进行排列。选择"区域文字工具"⬚或"直排区域文字工具"⬚，将鼠标指针移动到图形的边框上单击，图形的填充和描边属性将被取消，并用示例文本填充图形，将示例文本替换为所需的内容，然后设置文字格式。"区域文字工具"的效果如图 7-5 所示，"直排区域文字工具"的效果如图 7-6 所示。

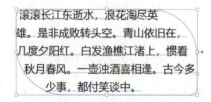

图 7-5

图 7-6

提示　　如果输入的文字超出区域文字框所能容纳的范围，则部分文字无法显示，此现象称为文字溢出。出现文字溢出时，文字框右下角会出现⊞图标，此时需要缩小文字，或放大区域文字框，将溢出的文字显示出来，也可以单击⊞图标，然后在画面中拖动鼠标绘制一个新的文字区域框，将溢出的文字串接到新的区域文字框中。

知识点4　"路径文字工具"和"直排路径文字工具"

使用"路径文字工具"　或"直排路径文字工具"　，可以沿着一条路径输入文本。选择"路径文字工具"　或"直排路径文字工具"　，将鼠标指针移动到路径上单击，路径的填充和描边属性将被取消，并沿着路径显示示例文本，将示例文本替换为所需的内容，然后设置文字格式。"路径文字工具"的效果如图 7-7 所示，"直排路径文字工具"的效果如图 7-8 所示。

图 7-7

图 7-8

在路径文字的两端和中间共有 3 条竖线，拖动开始位置的竖线，可以调整文字在路径上的开始位置，如图 7-9 所示。拖动结束位置的竖线，可以调整文字在路径上的结束位置，如图 7-10 所示。沿着路径拖动中间的竖线，可整体移动文字在路径上的文字，如图 7-11 所示。将中间的竖线拖动至路径的另外一侧，可以将文字移动至路径的另外一侧，并交换文字的开始和结束位置，如图 7-12 所示。

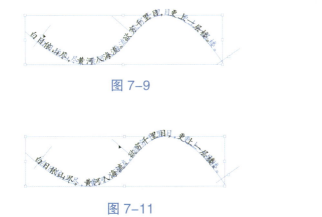

图 7-9

图 7-11

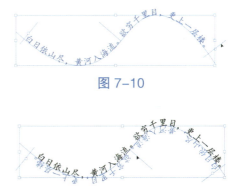

图 7-10

图 7-12

知识点5　"字形"面板

字体通常包含有一些特殊符号，如◆、※、●、➡等，还有一些专门提供特殊符号的字体，如 Webdings、Wingdings、Wingdings 2、Wingdings 3 等。可以通过"字形"面板输入这些字体中的特殊符号。选择"窗口→文字→字形"命令，打开"字形"面板，在"字体"下拉列表中选择一个字体，然后在中间的列表中双击要输入的特殊字符，即可以在画面中输入该字符，如图 7-13 所示。

图 7-13

知识点6　效果画廊

选择"效果→效果画廊"命令，在打开的对话框中集合了很多特殊效果，通过该对话框可以为对象添加各种效果。在对话框的中间部分可以选择一种效果，并在对话框右侧设置效果的参数，在对话框左侧可以预览完成后的效果，设置完成后单击 确定 按钮即可，如图 7-14 所示。

图 7-14

知识点7　光晕工具

使用"光晕工具" 可以在画面中添加光晕图形。选择"光晕工具" ，然后在画面中拖动鼠标添加光晕图形，如图 7-15 所示。如果要对光晕效果进行修改，可以选择添加的光晕图形，双击"光晕工具" ，打开"光晕工具选项"对话框，修改相应的参数后，单击修改光晕图形的效果，如图 7-16 所示。

图 7-15

图 7-16

知识点8　重新着色

选择"编辑→编辑颜色→重新着色画稿"命令，在打开的面板中可以整体调整所选图形的颜色，如图 7-17 所示。

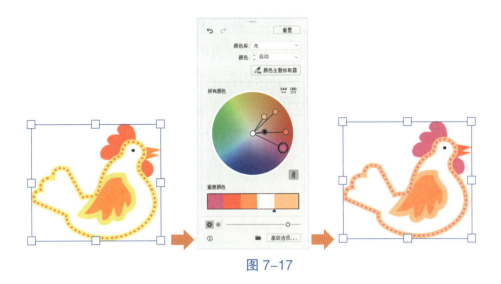

图 7-17

其中常用的操作如下。

（1）在默认情况下，"链接"按钮 ⓔ 呈被单击选中状态。此时，在"所有颜色"栏中旋转拖动色标的位置，可以同步调整所有色标的色相；沿射线方向拖动色标，可以调整该色标颜色的深浅；拖动主色标（最大的那个色标），可以同时修改所有色标颜色的色相和深浅。

（2）取消单击"链接"按钮 ⓔ，拖动某个色标，将只修改该色标颜色的色相和深浅。

（3）在"重要颜色"栏中，拖动某个色块的边缘，可以调整相邻两个色块的大小，从而改变图形中这两种颜色的比重。

（4）单击"在色轮上显示亮度和色相"按钮 ◉，拖动右侧滑块，可以调整所有颜色的亮度。

（5）单击"在色轮上显示饱和度和色相"按钮 ◉，拖动右侧滑块，可以调整所有颜色的饱和度。

知识点9 将文件输出为PDF格式

设计师在完成作品后，通常需要将作品输出为 PDF 格式的文件，并将其交付印刷厂进行印刷。与直接提供 Illustrator 源文件相比，PDF 格式的文件具有以下优势。

（1）广泛的适用性：无论是 Windows、macOS 还是 Linux，PDF 文件都能在这些操作系统中顺畅地打开。同时，从专业的设计软件如 Illustrator、Photoshop 到日常的办公软件如 Office、WPS，几乎所有应用程序都能轻松处理 PDF 文件。这种广泛的适用性确保了设计师的作品能够在各种环境下得到完美呈现，不受特定操作系统和软件版本的制约。

（2）安全性保障：PDF 文件具有高度的稳定性，一旦制作完成，其内容就不易被修改。这为设计师的作品提供了额外的安全保障，确保了作品的完整性和真实性。

（3）便捷的预览体验：对于印刷品设计，PDF 格式提供了便捷的预览体验，印刷厂能够提前了解作品的最终效果，从而更有效地评估印刷效果，并根据需要进行调整。

要将文件输出为 PDF 格式，需要选择"文件→存储为"命令，打开"存储为"对话框。

设置保存类型为"Adobe PDF（*.PDF）"，单击 保存(S) 按钮，如图 7-18 所示。打开"存储 Adobe PDF"对话框，在"Adobe PDF 预设"下拉列表中选择"[印刷质量]（修改）"选项，然后选择"标记和出血"选项卡，勾选"所有印刷标记"复选框和"使用文档出血设置"复选框，如图 7-19 所示。完成后单击 存储 PDF(S) 按钮，即可输出 PDF 格式的文件。

图 7-18

图 7-19

>>> 项目实施

1. 解析设计思路与设计方案

本项目要求设计《少年科技 星空篇》图书封面，封面以蓝紫色为主色调，象征星空浩瀚。主图为一个人站在星空下，仰望星辰，体现探索之意。左上角标明"少年科技探索丛书"，凸显丛书主题。中间以大字号突出书名"少年科技 星空篇"，并注明作者，下方配以宣传语，简洁有力地传达本书的核心价值。主图下方设一个黄色矩形框，醒目地展示本书的特点，引导读者了解本书的内容特色。整体设计简洁明了，既体现科技感，又富有想象力，能够吸引少年读者的注意。

本项目的最终效果如图 7-20 所示，具体步骤如下。

图 7-20

（1）制作背景。

（2）制作封面内容。

（3）制作封底内容。

（4）制作书脊内容。

（5）将文件输出为 PDF 格式。

2. 制作背景

（1）启动 Illustrator 2023，新建一个宽度为 310 mm、高度为 210 mm、"出血"为 3 mm、采用 CMYK 颜色模式的文件。

（2）按"Ctrl+R"组合键显示标尺，从左侧的标尺中拖动出一条垂直辅助线，在"变换"面板中设置 X 的值为"150 mm"，如图 7-21 所示，按"Enter"键设置辅助线的位置，如图 7-22 所示。

（3）使用相同的方法，在 160 mm 处绘制一条辅助线，如图 7-23 所示。

图 7-21　　　　　　　　　　图 7-22　　　　　　　　　　图 7-23

（4）置入"背景 .jpg"文件（素材 / 项目 7/"背景 .jpg"），调整大小和位置，然后在其上绘制一个矩形，如图 7-24 所示。

（5）同时选择图像文件和矩形，按"Ctrl+F7"组合键创建剪切蒙版，如图 7-25 所示。

图 7-24　　　　　　　　　　　　　图 7-25

（6）将背景图形复制一份，并移动到画面左侧，在"变换"面板中单击 ≡ 按钮，在打开的菜单中选择"水平翻转"命令，水平翻转图像，然后按"Shift+Ctrl+["组合键，将图像置于底层，完成后的效果如图 7-26 所示。

（7）使用"矩形工具" ▭ ，在书脊位置绘制一个矩形，设置填色为黑色（C：0，M：0，Y：0，K：100），然后在"不透明"面板中设置混合模式为"正片叠底"，不透明度为"25%"，效果如图 7-27 所示。

图 7-26

图 7-27

（8）选择左侧的图像，选择"效果→效果画廊"命令，在打开的对话框中选择"拼缀图"效果，并设置方形大小为"1"，凸现为"10"，如图7-28所示。

图 7-28

（9）单击 确定 按钮应用效果，如图7-29所示。

（10）选择"光晕工具" ，在画面的右上角向左下方拖动鼠标，绘制光晕图形，如图7-30所示。

图 7-29

图 7-30

（11）双击"光晕工具" ，打开"光晕工具选项"对话框，勾选"环形"复选框，单击 确定 按钮，如图7-31所示。

（12）选择"编辑→编辑颜色→重新着色画稿"命令，在打开的面板中调整光晕的颜色，效果如图7-32所示。

图 7-31

图 7-32

（13）使用"矩形工具" ■，绘制一个矩形，选择矩形和光晕图形，按"Ctrl+F7"组合键创建剪切蒙版，如图 7-33 所示。

（14）使用"矩形工具" ■，在画面下方绘制一个矩形，设置填色为黄色（C：0，M：0，Y：100，K：0），如图 7-34 所示。

图 7-33

图 7-34

3. 制作封面内容

（1）打开"图层"面板，锁定"图层 1"图层，单击"创建新图层"按钮，新建"图层 2"图形，如图 7-35 所示。

（2）在封面左上角输入"少年科技探索丛书"文本，设置文字格式为"方正美黑简体，14 pt"，文字颜色为白色，如图 7-36 所示。

图 7-35

图 7-36

（3）将插入点定位到文本最前方，选择"窗口→文字→字形"命令，打开"字形"面板，设置字体为"Wingdings"，双击"▭"字符将其插入，如图 7-37 所示。

（4）在封面中上部输入"少年科技"文本，设置文字格式为"方正少儿简体，72 pt"，文字颜色为黄色，字符间距为"100"，如图 7-38 所示。

图 7-37

图 7-38

（5）在"少年科技"文本右下方输入"星空篇"文本，设置文字格式为"方正大黑简体，18 pt"，文字颜色为白色，字符间距为"200"，如图 7-39 所示。

（6）在"星空篇"文本右下方输入"木易 编著"文本，设置文字格式为"微软雅黑，10 pt"，文字颜色为白色，字符间距为"0"，如图 7-40 所示。

图 7-39

图 7-40

（7）选择"钢笔工具" ，在封面中绘制一条路径，如图 7-41 所示。

（8）选择"路径文字工具" ，在路径上单击，输入"探索星空，点亮梦想，与少年一同启航科技的奇妙之旅！"，设置文字格式为"方正剪纸简体，13 pt"，文字颜色为白色，字符间距为"0"，如图 7-42 所示。

图 7-41

图 7-42

（9）选择所有文本，选择"效果→风格化→投影"，打开"投影"对话框，设置模式为"正片叠底"，不透明度为"7%"，X 位移为"1 mm"，Y 位移为"1 mm"，模糊为"1 mm"，单击 确定 按钮，为图形添加"投影"效果，如图 7-43 所示。

图 7-43

（10）选择"文字工具" **T.** ，在封面下方的黄色的矩形中拖动鼠标绘制一个文本框，然后输入"'少年科技探索丛书'精选读物"，设置文字格式为"方正大标宋简体，16 pt"，文字颜色为黑色，如图 7-44 所示。

（11）按"Enter"键换行，输入"微博热议，点赞破万"，设置文字格式为"方正大黑简体，12 pt"，文字颜色为蓝色（C：100，M：0，Y：0，K：0），如图 7-45 所示。

图 7-44

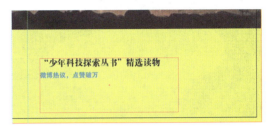

图 7-45

（12）按"Enter"键换行，输入"'航天导师'木易首度分享激发少年科创精神"，设置"'航天导师'木易"文字格式为"方正大标宋简体，12 pt"，文字颜色为黑色，设置"首度分享激发少年科创精神"文字格式为"微软雅黑，12 pt"，文字颜色为黑色，如图 7-46 所示。

（13）按"Enter"键换行，输入"深入浅出，引领少年走向科技前沿"，设置"深入浅出，"文字格式为"方正大标宋简体，12 pt"，文字颜色为蓝色，设置"引领少年走向科技前沿"文字格式为"方正大标宋简体，12 pt"，文字颜色为黑色，如图 7-47 所示。

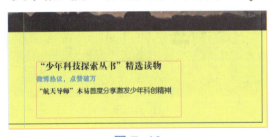

图 7-46

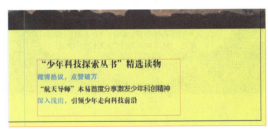

图 7-47

（14）选择"文字工具" **T.** ，在封面右下方输入"星空科技出版社"，设置文字格式为"方正黄草简体，12 pt"，文字颜色为黑色，如图 7-48 所示。

（15）置入"Logo.ai"文件（素材/项目 7/"Logo.ai"），调整大小，并将其移动到"星空科技出版社"文本前，如图 7-49 所示。

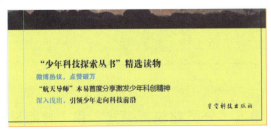

图 7-48

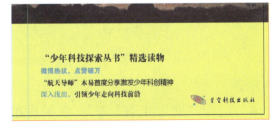

图 7-49

4. 制作封底内容

（1）选择"椭圆工具" ⬭ ，在封底的图形中间绘制 4 个椭圆，在"路径检查器"面板中单击"联集"按钮 ■，将 4 个椭圆组合成一个图形，如图 7-50 所示。

（2）选择"对象→路径→偏移路径"命令，打开"偏移路径"对话框，设置位移为"5 mm"，单击 ◯确定◯ 按钮，如图 7-51 所示。

图 7-50

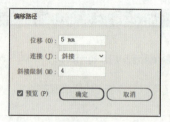

图 7-51

（3）选择"区域文字工具" ■，单击偏移前的路径，创建区域文字，输入所需的文本内容，设置文字格式为"方正细等线简体，13 pt"，设置文字颜色为黑色，如图 7-52 所示。

（4）选择"少年科技"文本和"星空篇"文本，按"Ctrl+C"组合键复制，再按"Ctrl+V"组合键粘贴，调整大小和位置，然后设置文字颜色为黑色，如图 7-53 所示。

图 7-52

图 7-53

（5）在"外观"对话框中选择"投影"选项，单击"删除"按钮，删除"投影"效果，如图 7-54 所示。

图 7-54

（6）选择"文字工具" ■，在封底的左下角输入"分类建议：少儿"和"封面设计：王沁雪"两行文本，设置字体为"微软雅黑"，字号为"8 pt"，文字颜色为黑色，行距为"12 pt"，如图 7-55 所示。

（7）置入"二维码 .png"文件（素材 / 项目 7/ "二维码 .png"），调整大小和位置，然后选择"文字工具" IT,在"二维码"图形下方输入"扫码听有声书"文本,设置字体为"微软雅黑",字号为"8 pt",文字颜色为黑色,如图7-56所示。

图7-55

图7-56

（8）选择"矩形工具" ▣,在"二维码"图形右侧绘制一个矩形,设置填色为白色。选择"文字工具" T.,在矩形中间输入"条码区域"文本,设置字体为"微软雅黑",字号为"11 pt",文字颜色为黑色,如图7-57所示。

（9）在矩形下方输入"定价:36.80元"文本,设置字体为"微软雅黑",字号为"12 pt",文字颜色为黑色,如图7-58所示。

图7-57

图7-58

5. 制作书脊内容

（1）选择"📖少年科技探索丛书"文本,按"Ctrl+C"组合键复制,再按"Ctrl+V"组合键粘贴,选择"文字→文字方向→垂直"命令,将横排文字转换为直排文字,然后将文本移动到书脊上方位置,如图7-59所示。

（2）复制"少年科技"文本,并转换为直排文字,修改字号为"18 pt",然后将文本移动到"📖少年科技探索丛书"文本下方,如图7-60所示。

图7-59

图7-60

（3）复制"星空篇"文本，并转换为直排文字，修改字号为"12 pt"，然后将文本移动到"少年科技"文本下方，如图 7-61 所示。

（4）复制"木易 编著"文本，并转换为直排文字，然后将文本移动到"星空篇"文本下方，如图 7-62 所示。

图 7-61

图 7-62

（5）复制 Logo 图形，并将其移动到书脊黄色区域的上方，如图 7-63 所示。

（6）复制"星空科技出版社"文本，并转换为直排文字，然后将文本移动到 Logo 图形的下方，如图 7-64 所示。

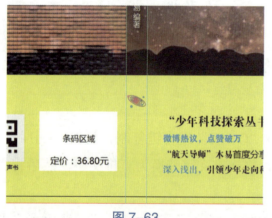
图 7-63

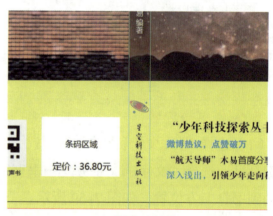
图 7-64

（7）将文件保存为"少年科技 .ai"（效果 / 项目 7/ "少年科技 .ai"）。

6. 将文件输出为 PDF 格式

（1）选择"文件→存储为"命令，打开"存储为"对话框。设置保存类型为"Adobe PDF（*.PDF）"，单击 保存(S) 按钮，如图 7-65 所示。

（2）打开"存储 Adobe PDF"对话框，在"Adobe PDF 预设"下拉列表中选择"[印刷质量]（修改）"选项，然后选择"标记和出血"选项卡，勾选"所有印刷标记"复选框和"使用文档出血设置"复选框，如图 7-66 所示。完成后单击 存储 PDF(S) 按钮，输出 PDF 格式的文件（效果 / 项目 7/ 少年"科技 .pdf"）。

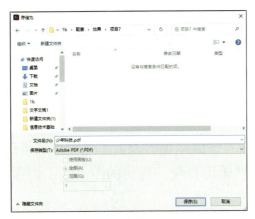

图 7-65

图 7-66

>>> KEHOU LIANXI
>>> 课后练习

（1）制作"旅行日记"图书封面（图 7-67）。封面中央展示了一个女孩正在拍照的场景，她象征着所有热爱旅行的人，通过她的镜头，读者仿佛能预览旅途中的精彩瞬间。标题"旅行日记"加粗呈现，突出图书主题。封底简洁地展示出版社信息、定价和条码等必要内容，以便读者了解和购买。整个设计既简洁又富有细节，旨在吸引读者的目光，引发读者对旅行和书中内容的共鸣（素材 / 项目 7/"背景 .png""背景 2.png"、效果 / 项目 7/"旅行日记 .ai"）。

（2）制作"中国皮影"图书封面（图 7-68）。封面主体以皮影戏形象为核心，凸显图书主题——中国皮影。皮影戏，作为中国传统文化的瑰宝，其历史深厚、文化内涵丰富。在色彩方面，采用红、黄、黑为主色调，展现中国传统文化特色。红色寓意喜庆热烈，黄色体现尊贵庄重，黑色增添稳重气息。三者结合，既传承了皮影戏传统色彩，又增强了封面视觉吸引力。在字体方面，标题"中国皮影"选用端庄大气的楷书，体现传统文化韵味。封底小字部分简洁明了，以便读者快速了解图书信息。封面还融入皮影戏表演元素，如经典台词和皮影人物形象，丰富内容，增强了艺术感和文化气息，激发读者对皮影戏的兴趣。下方留白用于标注图书定价、条码等信息，保持整体美观，以便读者购买和识别（素材 / 项目 7/"祥云 .png""皮影 1.png""皮影 2.png"、效果 / 项目 7/"中国皮影 .ai"）。

图 7-67

图 7-68

拓展阅读   图书的概念、构成及常用的装订方式

1. 图书的概念

图书是以文字或图像的形式记录信息的媒介，通常由许多页装订在一起并用封面保护。图书承载着作者的思考、经验或专业技能。它是存储与传播知识的关键工具。虽然科技的发展催生了众多新的知识传播方式，但图书的地位依然无可替代。优秀的图书除了传递信息，还具有收藏价值，如图 7-69 所示。

图 7-69

2. 图书的构成

图书主要由封面、书脊、腰封、护封、函套、环衬、扉页、版权页、序言、目录等部分组成。

（1）封面。封面是图书的外观代表，其设计对于吸引读者至关重要。书名、作者和出版社名称等关键信息都被精心安排在封面上，以便读者能够迅速了解图书的基本信息，如图 7-70 所示。

（2）书脊。书脊作为连接封面和封底的部分，不仅体现了图书的厚度，还展现了图书的装帧特色，如图 7-71 所示。

图 7-70

图 7-71

（3）腰封。腰封是一条环绕在图书封面上的装饰带，它不仅美化了图书的外观，还通过提供图书内容的简要介绍和引导，帮助读者快速把握图书的核心价值，如图 7-72 所示。

（4）护封。护封是图书的一层重要保护介质，类似书套，用于避免图书在运输、翻阅等过程中受损。同时，护封还通过精美的印刷设计，提升图书的吸引力，促进图书的销售，如图 7-73 所示。

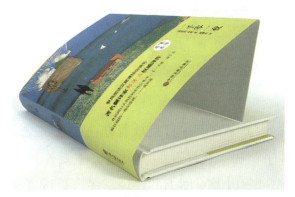

图 7-72　　　　　　　　　　　　　　　　图 7-73

（5）函套。函套是一种保护图书的特殊形式，通过运用各种材料和工艺手法，不仅为图书提供保护，还大大提升了图书设计的美学价值。它体现了形式与功能的完美结合，如图 7-74 所示。

（6）环衬。环衬是图书设计中的一个重要组成部分，位于封面与正文之间以及正文与封底之间。环衬分为前环衬和后环衬，它们不仅是连接封面和正文、正文和封底的桥梁，还是图书设计中的装饰元素。环衬不仅起到了过渡作用，还为图书增添了美感，如图 7-75 所示。

图 7-74　　　　　　　　　　　　　　　　图 7-75

（7）扉页。扉页是图书正文前的一页，通常印有书名、出版社和作者等信息。扉页不仅用于补充书名、出版社和作者等内容，还是图书设计中的重要装饰元素。它以精美的设计和独特的风格，为图书增添了独特的魅力，如图 7-76 所示。

（8）版权页。版权页是图书中不可或缺的一部分，它详细记录了图书的版权信息、版本记录以及相关的出版细节。在这张单页上，读者可以找到书名、作者、译者、出版者、发行者、印刷者等重要信息，以及开本、印张、字数、出版年月、版次和印数等详细数据。版权页的存在，不仅是对作者和出版者权益的保护，也是读者了解图书背景和来源的重要途径，如图 7-77 所示。

图 7-76

图 7-77

（9）序言。序言是放置在图书正文之前的文章，也被称为"前言"或"引言"。它分为"自序"和"代序"两种类型，主要作用是为读者提供图书的背景信息、作者的创作理念、写作过程以及对图书的评论。序言是读者进入正文前的重要引导，有助于读者更好地理解和欣赏图书的内容，如图 7-78 所示。

（10）目录。目录是图书的重要组成部分，它以列表的形式清晰地呈现了图书的各章节内容以及相应的页码。目录不仅具备检索功能，能够帮助读者快速找到所需信息，还具有报道和导读的作用，能够为读者提供图书内容的概览和导航。目录的设计应简洁明了，方便读者使用，如图 7-79 所示。

图 7-78

图 7-79

3. 图书常用的装订方式

图书，作为知识的载体，一直在发展和演变。装订方式不仅关乎图书的外观，更在一定程度上影响读者的阅读体验。目前图书常用的装订方式主要有平装、精装以及特殊装订三大类。

（1）平装。平装书以其简洁实用的设计，成了近现代图书市场中的主流类型，深受广大读者的喜爱。平装书不仅保留了传统图书的精髓，还融入了现代技术，更加易读、易用。平装主要包括骑马订和无线胶订等。

①骑马订是一种简便快速的装订方式，它是将书页对折后，再使用铁丝沿书脊中心穿过，如马背上的鞍具，使书页翻动自如，因此得名。尽管骑马订牢固性稍有不足，但其简便

和快速生成工艺为印刷行业所青睐，常用于制作小册子、宣传册等，如图7-80所示。

②无线胶订是一种用胶水黏合书页与封面的装订方式，它是先对书页进行折页、配贴等处理，形成书芯，再用特制胶水将书芯各页紧密黏合，防止书页在被翻阅时散开，然后将封面与书芯黏合，使其紧密连接。无线胶订不仅牢固、美观，而且适用于各类图书，如图7-81所示。

图 7-80

图 7-81

（2）精装。精装常用于经典著作、学术专著、工具书及珍贵画册，为这些作品提供高贵且庄重的呈现方式。精装书装帧考究，采用硬质封面或护封、函套等保护结构，提高了图书的质感和耐用性。精装书主要分为圆脊精装书和平脊精装书。

①圆脊精装书的书脊呈现优雅的月牙状，略微带有弧线，不仅赋予了图书厚度和饱满的视觉效果，更在无形中提高了图书的稳固性，如图7-82所示。

②平脊精装书以硬纸板为图书的坚实后盾，使图书的形态显得平整而端庄。平脊精装书简洁大方，不仅提升了图书的整体美感，也便于读者翻阅，享受阅读的乐趣，如图7-83所示。

图 7-82

图 7-83

（3）特殊装订方式以其独特的视觉效果和创意，与普通装订方式形成鲜明对比，为图书增添了更为活跃和个性化的魅力。选择特殊装订方式时，需要深入考虑图书的主题和内容，确保装订方式与图书的整体风格相得益彰。特殊装订方式有活页订、线装等。

  ①活页订是一种独特的装订方式，它通过在图书的订口处打孔，并使用弹簧金属圈或蝶纹圈等穿扣来固定书页。活页订不仅便于书页的更换和修改，还赋予图书一种时尚而现代的感觉，如图 7-84 所示。

  ②线装是传统图书中常见的装订方式，它使用线在书脊一侧进行装订。线装书给人一种古朴典雅的感觉，凸显图书的历史感和文化底蕴，如图 7-85 所示。

图 7-84   图 7-85

项目 8

包装设计——设计"蒙山清茶"包装

  包装设计，作为立体设计领域的重要分支，与平面设计（如标志设计、海报设计等）有显著的区别。包装设计所追求的不仅是视觉上的美感，更是对材质、触感和质量的综合考量，从而创造出立体的"外观"感受。每种产品都有其独特的形态和特性，因此包装设计需要紧密结合产品的实际情况，选择适当的材料来实现设计目标。

学习目标

【知识目标】
- 掌握 3D 和材质功能的使用方法。
- 学习"符号"面板和符号工具组的使用方法。
- 了解"画笔"面板的使用技巧。

【能力目标】
- 能够设计出具有特色和吸引力的包装。
- 能够通过包装设计，准确传达产品的品质和价值。

【素养目标】
- 培养学生的品牌意识和产品包装设计中的创新思维。
- 促进学生对包装材料、环保和可持续性的思考。

知识点1　3D和材质

1. 创建 3D 对象

选择一个图形，选择"效果→3D 和材质"命令，在打开的子菜单中选择相应的命令，可以将选择的图形转换为对应的 3D 对象。

（1）选择"效果→3D 和材质→凸出和斜角"命令，可以通过为选择的图形增加厚度的方式，将其转换为 3D 对象，如图 8-1 所示。

（2）选择"效果→3D 和材质→绕转"命令，可以通过将选择的图形围绕一条直线旋转的方式，将其转换为 3D 对象，如图 8-2 所示。

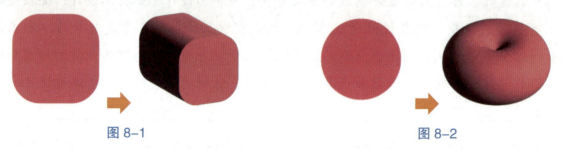

图 8-1　　　　　　　　　　　　　　图 8-2

（3）选择"效果→3D 和材质→膨胀"命令，可以通过将选择的图形进行膨胀的方式，将其转换为 3D 对象，如图 8-3 所示。

（4）选择"效果→3D 和材质→旋转"命令，可以通过将选择的图形在 3D 空间中进行旋转的方式，将其转换为 3D 对象，如图 8-4 所示。

图 8-3　　　　　　　　　　　　　　图 8-4

2. 旋转 3D 对象

创建 3D 对象后，选择"选择工具" ▶，在 3D 对象上显示一个旋转控制器，如图 8-5 所示。将鼠标移动到旋转控制器的水平横线上，鼠标指针变为 ⌐ 形状，上下拖动鼠标，可使 3D 对象沿 X 轴旋转，如图 8-6 所示。将鼠标移动到旋转控制器的垂直横线上，鼠标指针变为 ⌐ 形状，左右拖动鼠标，可使 3D 对象沿 Y 轴旋转，如图 8-7 所示。将鼠标移动到旋转控制器外侧的圆环上，鼠标指针变为 ⌐ 形状，拖动鼠标，可使 3D 对象沿 Z 轴旋转，如图 8-8 所示。将鼠标移动到旋转控制器中心的圆点上，鼠标指针变为 ⊕ 形状，拖动鼠标，可任意旋转 3D 对象，如图 8-9 所示。

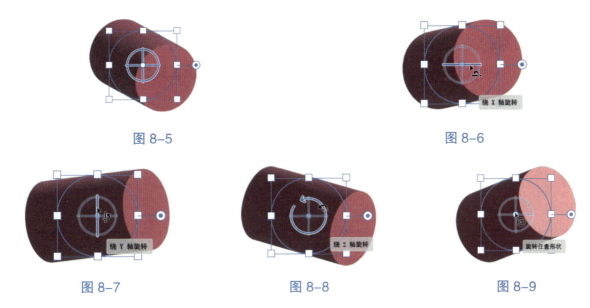

图 8-5　　　　　　　　　　　　　图 8-6

图 8-7　　　　　　图 8-8　　　　　　图 8-9

3. 设置 3D 对象属性

将图形转换为 3D 对象后，将打开"3D 和材质"面板，在"对象"选项卡中可以对 3D 对象的形状进行设置，根据 3D 对象类型的不同，其中的选项也有所不同。

1）设置凸出 3D 对象属性

凸出 3D 对象的"3D 和材质"面板的"对象"选项卡如图 8-10 所示，其中各参数的作用如下。

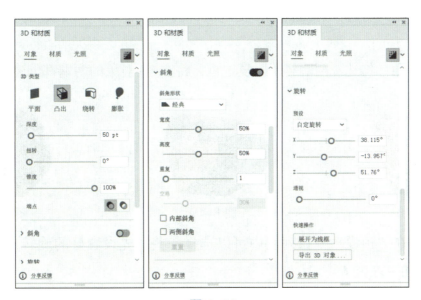

图 8-10

（1）3D 类型：单击某个按钮，可以将 3D 对象转换为对应类型的 3D 对象。

（2）深度：设置 3D 对象的厚度，图 8-11 所示为深度为 10 pt 和 20 pt 的效果。

（3）扭转：设置 3D 对象扭转的角度，图 8-12 所示为扭转角度为 10°和 30°的效果。

（4）锥度：锥度默认为 100%，当减小锥度时，可以缩小 3D 对象另一端图形的大小，当锥度减小为 0°时，桩体将转换为锥体，如图 8-13 所示。

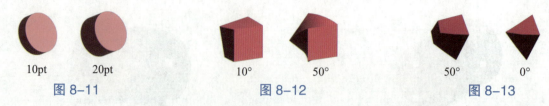

图 8-11　　　　　　　　　图 8-12　　　　　　　　　图 8-13

（5）端点：设置是否显示 3D 对象两端的图形，桩体将转换为椎体，默认单击"开启端点已建立实心外观"按钮 ，效果如图 8-14 所示，单击"关闭端点一建立空心外观"按钮 ，效果如图 8-15 所示。

（6）斜角栏：单击其后的 按钮，可以为 3D 对象添加斜角效果，如图 8-16 所示。

（7）斜角形状：在斜角类型下拉列表中可以选择斜角类型，如图 8-17 所示。

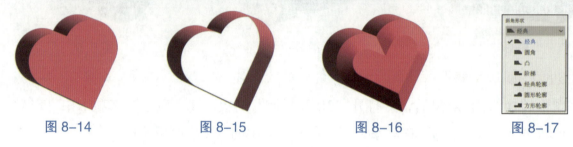

图 8-14　　　　　　　图 8-15　　　　　　　图 8-16　　　　　　　图 8-17

（8）宽度和高度：设置斜角的宽度和高度。

（9）重复和空格：重复用于设置斜角的数量，空格用于设置相邻两个斜角的间隔，图 8-18 所示为重复为 2，空格为 30% 的效果。

（10）内部斜角：勾选"内部斜角"复选框，会将凸出的斜角转换为内凹的斜角，如图 8-19 所示。

（11）两端斜角：勾选"两端斜角"复选框，将在 3D 对象的两端都创建斜角，如图 8-20 所示。

图 8-18　　　　　　　　图 8-19　　　　　　　　图 8-20

（12）预设：在"预设"下拉列表中可以选择一些预先设置好的旋转角度，如前、后、离轴 - 前方、等角 - 左方等。

（13）X、Y、Z：分别用于设置 X 轴、Y 轴和 Z 轴的旋转角度。

（14）透视：设置透视角度，图 8-21 所示为透视为 100° 的效果。

（15）展开为线框：单击 展开为线框 按钮，可以将 3D 对象转换为线框，如图 8-22 所示。

图 8-21　　　　　　　　　　　　　　　图 8-22

（16）导出 3D 对象：单击 导出 3D 对象... 按钮，可以将 3D 对象导出为图像文件。

图 8-23

2）设置绕转 3D 对象属性

绕转 3D 对象的"3D 和材质"面板的"对象"选项卡只有图 8-23 所示部分有所不同，其特有参数的作用如下。

（1）绕转角度：设置图形的绕转角度，图 8-24 所示为绕转角度为 180° 和 300° 的效果。

（2）位移：设置旋转轴离图形边缘的距离，图 8-25 所示为位移距离为 1 pt 和 5 pt 的效果。

（3）偏移方向相对于：设置旋转轴位的位置，有"左边"和"右边"两个选项，效果如图 8-26 所示。

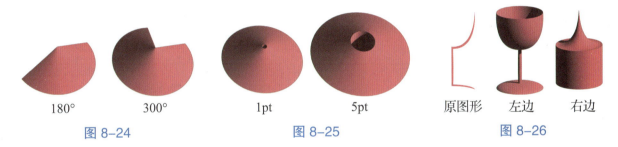

180°　　　　300°　　　　　　1pt　　　　5pt　　　　原图形　左边　右边

图 8-24　　　　　　　图 8-25　　　　　　　图 8-26

3）设置膨胀 3D 对象属性

膨胀 3D 对象的"3D 和材质"面板的"对象"选项卡只有图 8-27 所示部分有所不同，其特有参数的作用如下。

（1）音量：设置膨胀程度，图 8-28 所示为膨胀程度为 50% 和 80% 的效果。

（2）两端膨胀：勾选"两端膨胀"复选框，将为 3D 对象的两端都添加膨胀效果，如图 8-29 所示。

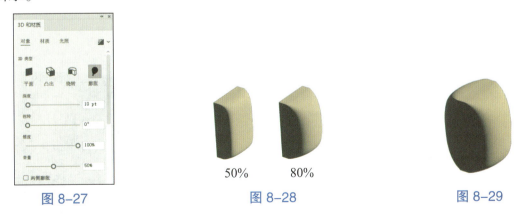

　　　　　　　　　　　　50%　　80%

图 8-27　　　　　　　图 8-28　　　　　　　图 8-29

4. 设置 3D 对象材质

在"3D 和材质"面板的"材质"选项卡中可以为 3D 对象添加材质和图形。

（1）添加材质。单击"材质"按钮，在"所有材料和图形"栏中选择某个材质球，可以为 3D 对象添加对应的材质，并添加到"属性"栏的列表中，如图 8-30 所示。一个 3D 对象只能添加一个材质。

（2）添加图形。单击"图形"按钮，在"所有材料和图形"栏中选择某个图形，可以为3D 对象添加对应的图形，并添加到"属性"栏的列表中，如图 8-31 所示。一个 3D 对象可以添加多个图形。

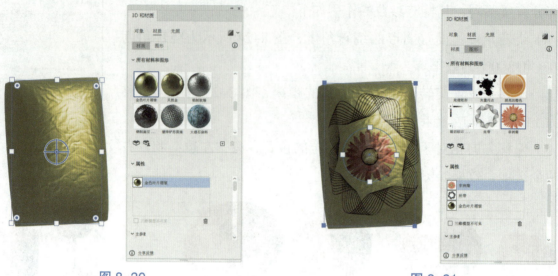

图 8-30   图 8-31

💡 **提示** 这里的图形与"符号"面板中的符号一致，如果要添加自定义的图形，可以先在"符号"面板中添加相应的图形。

（3）设置材质属性。在"所有材料和图形"栏中选择要设置属性的材质，在"主参数"栏中设置材质的属性，如图 8-32 所示，不同的材质其参数各有不同。

（4）设置图形属性。在"所有材料和图形"栏中选择要设置属性的图形，在"主参数"栏中设置图形的缩放大小和旋转大小，如图 8-33 所示。在 3D 对象的四周将显示 4 个控制点，拖动控制点可以调整图形的大小，拖动图形可以调整图形在 3D 对象上的位置，如图 8-34 所示。

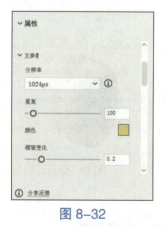

图 8-32   图 8-33   图 8-34

（5）删除材质和图形。在"所有材料和图形"栏中选择要删除材质或图形，单击"删除"按钮🗑，可以删除该材质或图形。

知识点2 "符号" 面板

Illustrator 提供了 "符号" 面板，专门用来创建、存储和编辑一些常用的图形元素。选择 "窗口→符号" 命令，打开 "符号" 面板，在其中选择一个符号，并将其拖动到画板中，可以到该符号的一个实例，如图 8-35 所示。

使用 "符号" 面板可以编辑符号，具体参数介绍如下。

（1）符号库菜单 ：Illustrator 将符号按类型存放在符号库中，单击该按钮，在弹出的下拉菜单中可选择打开所需的符号库。图 8-36 所示为 "网页图标" 符号库。

图 8-35   图 8-36

（2）置入符号实例 ：单击该按钮，可将当前选中的符号范例放置在画面的中心。

（3）断开符号链接 ：单击该按钮，可将添加到画面中的符号范例与 "符号" 面板断开链接。

（4）符号选项 ：单击该按钮，可以打开 "符号选项" 对话框，并进行符号设置。

（5）新建符号 ：单击该按钮，或将选中的对象直接拖拽到 "符号" 面板中，都可打开 "符号选项" 对话框，在其中设置参数，单击 确定 按钮，可以将选中的对象添加到 "符号" 面板中作为符号应用。

（6）删除符号：单击该按钮，可以删除在 "符号" 面板中被选中的符号。

> **提示** 在 "符号" 面板中双击一个符号，可以编辑该符号，编辑完成后单击画面左上角的 按钮退出符号编辑模式。此时画面中所有该符号的实例都将同步修改。

知识点3 符号工具组

选择 "符号喷枪工具" 后按住鼠标左键不放，可以展开符号工具组，其中提供了 8 个符号工具，如图 8-37 所示。

（1）"符号喷枪工具" ：用于在短时间内快速向画板置入大量符号。选择 "符号喷枪工具" ，在 "符号" 面板中选择一个符号，然后在画板中多次单击或拖动鼠标，可在单击的位置或鼠标指针经过的位置置入选择的符号，所有符号将构成一个符号集对象，如图 8-38 所示。双击 "符号喷枪工具" ，打开 "符号工具选项" 对话框，在其中设置笔刷的直径、方法、强度、符号组密度等参数，如图 8-39 所示。

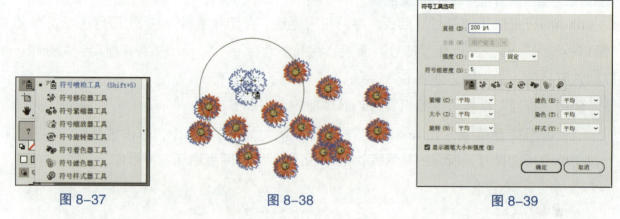

图 8-37　　　　　　　　　图 8-38　　　　　　　　　图 8-39

（2）"符号移位器工具" ：选择"符号移位器工具" ，然后在符号集中拖动鼠标，可以移动符号范例的位置。

（3）"符号紧缩器工具" ：选择"符号紧缩工具" ，然后在符号集中拖动鼠标，可以缩小符号范例。

（4）"符号缩放器工具" ：选择"符号缩放器工具" ，然后在符号集中拖动鼠标，可以放大符号范例。按住"Alt"键不放，在符号集中拖动鼠标，可以放缩小符号范例。

（5）"符号旋转器工具" ：选择"符号旋转器工具" ，然后在符号集中拖动鼠标，可以旋转符号范例。

（6）"符号着色器工具" ：选择"符号着色器工具" ，在"色板"面板或"颜色"面板中设定一种颜色作为填色，然后在符号集中拖动鼠标，可以为符号范例设置填色。

（7）"符号滤色器工具" ：选择"符号滤色器工具" ，然后在符号集中拖动鼠标，可以增加符号范例的不透明度。按住"Alt"键不放，在符号集中拖动鼠标，可以降低符号范例的不透明度。

（8）"符号样式器工具" ：选择"符号样式器工具" ，在"图形样式"面板中选择一种画笔样式，然后在符号集中拖动鼠标，可以为符号范例应用选择的图形样式。

知识点4　"画笔"面板

通过"画笔"面板可以为图形设置色块特殊的边框效果，选择"窗口→画笔"命令，可打开"画笔"面板，如图 8-40 所示，其中包括多种画笔样式，在其中选择任意一种画笔样式，即可为选择的图形边框应用该画笔样式。

（1）画笔库菜单 ：单击该按钮，在打开的菜单中显示了图像画笔、毛刷画笔、矢量包、箭头、艺术效果等一系列画笔库命令，选择某个命令，可以打开对应的画笔库，库中的画笔样式可以任意调用。图 8-41 所示为打开"边框_装饰"画笔库。

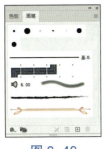

图 8-40

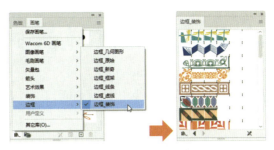

图 8-41

（2）库面板 ：单击该按钮，打开"库"面板，登录 Creative Cloud 账户，可以使用 Creative Cloud 库中的资源。

（3）移去画笔描边 ✕：选择已添加画笔描边的对象将激活该按钮，单击该按钮可以取消画笔描边效果。

（4）所选对象的选项 ▤：应用画笔样式将激活该按钮，单击该按钮，在打开的对话框中可以编辑画笔的参数。不同的画笔类型，其参数也有所不同。

（5）新建画笔 ⊞：单击该按钮，打开"新建画笔"对话框，单击相应的单选按钮，设置画笔类型与画笔选项，单击 确定 按钮可新建画笔样式。

（6）删除画笔：选择需要删除的画笔样式将激活该按钮，单击该按钮可将选择的画笔样式删除。

<<< XIANGMU SHISHI
>>> 项目实施

1. 解析设计思路与设计方案

本项目要求设计"蒙山清茶"包装。首先制作茶叶罐的正面贴图和顶部贴图，然后制作茶叶罐的立体效果图和茶叶袋的立体效果图。整体设计风格以清新、自然为主，体现"蒙山清茶"的独特品质。在色彩选择方面，以蓝色为主调，与"蒙山清茶"的品牌形象相符。同时，通过加入山峰、云雾等自然元素，增强产品的视觉冲击力，使消费者能够快速识别品牌。

本项目的最终效果如图 8-42 所示，具体步骤如下。

（1）制作正面贴图。

（2）制作顶部贴图。

（3）制作茶叶罐立体效果图。

（4）制作茶叶袋立体效果图。

图 8-42

2. 制作正面贴图

（1）启动 Illustrator 2023，新建一个宽度为 800 pt、高度为 800 pt、采用 RGB 颜色模式的文件。

（2）置入"背景 .ai"文件（素材 / 项目 8/"背景 .ai"），调整大小与画板一致，如图 8-43 所示。

（3）绘制一个云图形，并设置填色为线性渐变，第 1 个色标的颜色为 #c1a555，不透明度为 0%。第 2 个色标的颜色为 #c1a555，不透明度为 20%，角度为 90°，如图 8-44 所示。

图 8-43

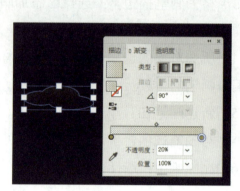

图 8-44

（4）选择"窗口→符号"命令，打开"符号"面板，将云图形拖动到"符号"面板中，如图 8-45 所示。打开"符号选项"对话框，设置名称为"云"，单击 ⬭确定 按钮，创建"云"符号，如图 8-46 所示。

图 8-45

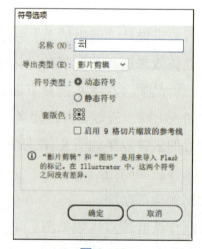

图 8-46

（5）选择"符号喷枪工具" ⬭，然后在画面的左上角拖动鼠标，喷出多个"云"符号的实例，创建符号集对象，如图 8-47 所示。

（6）选择"符号位移工具" ⬭，然后在符号集对象上拖动鼠标，调整各个实例的位置，效果如图 8-48 所示。

图 8-47

图 8-48

（7）选择"符号缩放工具" ，然后在符号集对象上拖动鼠标，调整各实例的大小，效果如图 8-49 所示。

（8）选择"符号滤色工具" ，然后在符号集对象上拖动鼠标，调整各实例的不透明度，效果如图 8-50 所示。

图 8-49

图 8-50

（9）选择"直排文字工具" ，在画面左上角输入"蒙山清茶"文本，并设置文字格式为"华文隶书，60 pt"，文字颜色为"#c1a555"，如图 8-51 所示。

（10）选择"修饰文字工具" ，将"蒙"字放大，并调整位置，如图 8-52 所示。

图 8-51

图 8-52

（11）选择"椭圆工具" ，按住"Shift"键不放，在"蒙"字外侧拖动鼠标绘制一个圆，设置填色为"无"，描边颜色为"#c1a555"，如图 8-53 所示。

（12）选择"窗口→画笔"命令，打开"画笔"面板，选择"炭笔－羽毛"画笔样式，为圆应用该画笔样式，如图 8-54 所示。

图 8-53

图 8-54

（13）选择"直排文字工具" **I.T.** ，在"蒙"字左下方输入"扬子江中水，蒙山顶上茶"文本，设置文字格式为"华文楷体，14 pt"，文字颜色为"#c1a555"，如图 8-55 所示。

（14）选择"矩形工具" **□.** ，在画面右下角绘制一个矩形，并设置圆角为"25 pt"，设置填色为"无"，如图 8-56 所示。

图 8-55

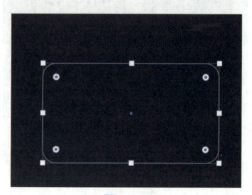

图 8-56

（15）在"画笔"面板中单击"画笔库菜单"按钮 **■N.** ，在打开的菜单中选择"边框→边框 _ 框架"命令，打开"边框 _ 框架"面板，选择"金色"选项，为圆角矩形应用该画笔样式，如图 8-57 所示。

（16）选择"文字工具" **T.** ，在圆角矩形中拖动鼠标绘制一个文本框，输入所需的文本，设置文字格式为"黑体，12 pt"，行距为"17 pt"，文字颜色为"#c1a555"，如图 8-58 所示。

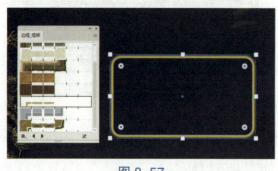

图 8-57

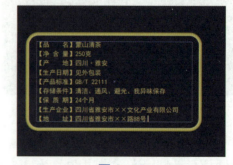

图 8-58

（17）按"Ctrl+A"组合键选择所有图形，在"符号"面板中单击"新建符号"按钮 **⊞** ，打开"符号选项"对话框，设置名称为"贴图 1"，单击 ⬭确定⬭ 按钮，如图 8-59 所示。

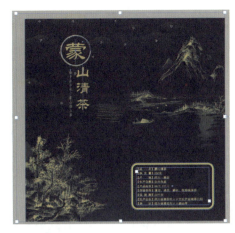
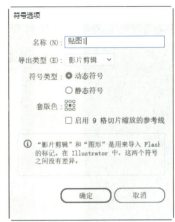

图 8-59

3. 制作顶部贴图

（1）选择"窗口→画板"命令，打开"画板"面板，选择"画板 1"选项，单击 按钮，在打开的菜单中选择"复制画板"命令复制画板，并重命名为"画板 2"。

（2）选择画板 2 中的对象，单击鼠标右键，在打开的快捷菜单中选择"断开符号链接"命令，如图 8-60 所示。

（3）再次单击鼠标右键，在打开的快捷菜单中选择"取消编组"命令，如图 8-61 所示。

图 8-60

图 8-61

（4）删除画面右下角的圆角矩形和文本，然后将左上角的文本和图形移动到画面中间，并放大，如图 8-62 所示。

（5）选择"效果→风格化→投影"命令，打开"投影"对话框，设置模式为"正片叠底"，不透明度为"75%"，X 位移为"0 pt"，Y 位移为"0 pt"，模糊为"20 pt"，单击 确定 按钮，应用"投影"效果，如图 8-63 所示。

图 8-62   图 8-63

（6）选择"椭圆工具" ◎ ，在画面中绘制一个直径为 800 pt 的圆，如图 8-64 所示。

（7）选择"选择工具" ▶ ，选择画板 2 中的所有图形，按"Ctrl+F7"组合键，创建剪切蒙版，如图 8-65 所示。

图 8-64   图 8-65

（8）将画板 2 中的图形创建为"贴图 2"符号。

4. 制作茶叶罐立体效果图

（1）在"画板"面板中新建一个画板，并重命名为"画板 3"。

（2）选择"矩形工具" ▢ ，在画板 3 中绘制一个宽 300 pt、高 600 pt 的矩形，然后在矩形右侧边缘上部绘制一个小矩形，如图 8-66 所示。

（3）选择两个矩形，在"路径查找器"面板中单击"减去顶层"按钮 ▣ ，生成图 8-67 所示图形。

（4）将描边颜色设置为"#c9bc9c"，选择"效果→3D 和材质→绕转"命令，将图形转换为 3D 对象，如图 8-68 所示。

图 8-66　　　　　　　　　图 8-67　　　　　　　　　　图 8-68

（5）在"3D 和材质"面板中选择"材质"选项卡，在"属性"栏中设置粗糙度为"0.8"，金属质感为"1"，如图 8-69 所示。

（6）单击"图形"按钮，然后在"所有材质和图形"栏中选择"贴图 1"图形，然后在画面中调整图形的大小和位置，如图 8-70 所示。

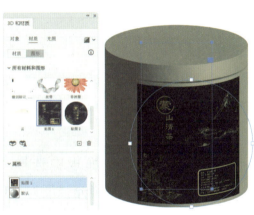

图 8-69　　　　　　　　　　　　　　　　　　图 8-70

（7）在"所有材质和图形"栏中选择"贴图 2"图形，然后在画面中调整图形的大小和位置，如图 8-71 所示。

（8）在"3D 和材质"面板中选择"光照"选项卡，设置强度为"200%"，环境光强度为"100%"，如图 8-72 所示。

图 8-71　　　　　　　　　　　　　　　　　　图 8-72

5. 制作茶叶袋立体效果图

（1）新建"画板4"画板，选择"钢笔工具"，在画板4中绘制图8-73所示的图形，设置填色为"#7a6a56"，描边颜色为"无"。

（2）选择"效果→3D和材质→突出和斜角"命令，将图形转换为3D对象，然后在"3D和材质"面板中设置深度为"100 mm"。在"斜角"栏中单击 按钮启用斜角，再勾选"内部斜角"复选框和"两端斜角"复选框。在"旋转"栏的"预设"下拉列表中选择"离轴 - 右方"选项，设置透视为"30°"，如图8-74所示，完成后的效果如图8-75所示。

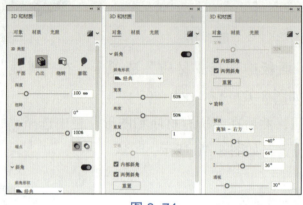

图 8-73　　　　　　　　　　　　图 8-74　　　　　　　　　　　　图 8-75

（3）在"3D和材质"面板中选择"材质"选项卡，单击"图形"按钮，然后在"所有材质和图形"栏中选择"贴图1"图形，在"属性"栏中设置缩放为"35%"，旋转位移"8°"，如图8-76所示。

（4）在"3D和材质"面板中选择"光照"选项卡，设置强度为"200%"，旋转为"135°"，高度为"5°"，环境光强度为"150%"，如图8-77所示。

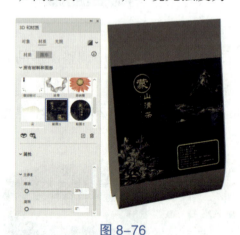
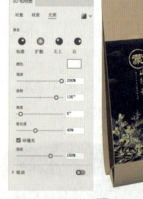

图 8-76　　　　　　　　　　　　　　　图 8-77

KEHOU LIANXI
>>> 课后练习

（1）制作"农的米"包装（图8-78）。"农的米"作为优质稻米品牌，急需扩大市场份额并提升品牌形象。设计目标是突出产品特色、增强品牌形象、满足消费者需求。该包装采用简洁、现代的设计风格。包装正面包括商标、产地、插画、净重、企业信息等内容。包装背面包括商标、产品简介、配图、营养成分、产品信息等内容。整体设计以突出产品特色、提升品牌形象为核心，同时注重消费者体验，力求通过设计语言传达"农的米"的优质、健康和高端形象。最后制作立体效果图，展现包装的层次感和逼真感，激发消费者的购买欲望（素材/项目 8/"1.png""2.png""3.png""4.png"、效果/项目 8/"大米包装 .ai"）。

图 8-78

（2）制作"红豆夹心面包"包装（图 8-79）。设计"红豆夹心面包"包装，需凸显产品魅力与品牌理念，以简洁明快的风格为主，运用鲜明的色彩吸引眼球。背景采用明亮的黄色，产品名称置于中央，搭配红色的品牌 Logo，简洁易识别。添加红豆图案以突出口感特点。制作立体效果图，展现包装的层次感和逼真感，激发消费者的购买欲望（素材/项目 8/"面包 .png"、效果/项目 8/"面包包装 .ai"）。

图 8-79

包装的概念、形式及常用材料

1. 包装的概念

包装作为包裹和装饰产品的媒介，其重要性不言而喻。它不仅是产品本身的载体，更是传达产品信息的桥梁，是促进产品销售的关键因素。在包装设计中，设计师需要综合考虑包装的造型、材料以及印刷工艺等多个方面。这个过程充满了创造性，旨在通过精心设计的包装，展现产品的独特魅力，提升品牌形象，从而吸引更多消费者关注和购买，如图 8-80 所示。

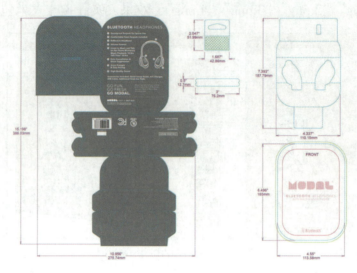

图 8-80

2. 包装的形式

包装的形式多种多样，常见的有盒类包装、袋类包装、瓶类包装、罐类包装、坛类包装、管类包装等。

（1）盒类包装一般用于固体产品，如食品、电子产品等，如图 8-81 所示。它的结构稳固，能有效地保护产品，同时方便堆叠和运输。盒类包装的设计灵活多变，可以根据产品的特点和消费者的需求进行定制，如纸盒、塑料盒、木盒等。

（2）袋类包装主要用于包装粉末、颗粒状产品，如食品、洗衣粉等，如图 8-82 所示。袋类包装的材料通常为塑料、纸或布，其优点是轻便、易携带，且成本较低。

图 8-81

图 8-82

（3）瓶类包装常用于液体产品，如饮料、化妆品等，如图 8-83 所示。瓶类包装具有良好的密封性，可以有效地防止液体泄漏，同时，其透明的特性让消费者可以直观地看到产品的状态。瓶类包装的设计可以非常精美，使产品更具吸引力。

（4）罐类包装多用于食品、饮料等产品，如图 8-84 所示。罐类包装的材料通常为金属或玻璃，其优点是可以长期保存产品，且具有良好的密封性和防腐性。罐类包装的设计可以非常独特，使产品在货架上更具竞争力。

图 8-83

图 8-84

（5）坛类包装一般用于包装酒类、酱菜等产品，如图 8-85 所示。坛类包装通常由陶瓷或玻璃制成，其优点是具有良好的密封性和透气性，可以保证产品的新鲜度和口感。同时，坛类包装具有深厚的文化内涵，使产品更具特色。

（6）管类包装主要用于包装牙膏、洗发水等产品，如图 8-86 所示。管类包装的设计紧凑，方便使用，且能有效地防止产品在运输过程中泄漏。同时，管类包装可以通过改变形状和颜色增加产品的吸引力。

图 8-85

图 8-86

3. 常用的包装材料

包装材料丰富多样，因产品运输和展示需求而异。设计时需全面考虑产品的特性和需求，选择最合适的包装材料和容器形状。常用的包装材料包括纸张、塑料、金属、玻璃和陶瓷等，需根据产品特性灵活选择和使用，确保产品安全与美观。

（1）纸包装材料。纸是最常见的包装材料之一，因环保、易加工和成本相对较低而得到广泛应用，如图 8-87 所示。纸质包装多用于食品、日用品等轻质产品，尤其是那些需要展示内部形状和颜色的产品。

（2）塑料包装材料。塑料包装因具有良好的防潮、防氧化、抗摔等特性而被广泛用于各类产品，如图 8-88 所示，特别是一些需要长期保存或长途运输的产品，如化妆品、食品等。然而，随着人们环保意识的增强，可降解塑料和生物基塑料逐渐成为行业的新宠。

图 8-87

图 8-88

（3）金属包装材料。金属包装材料，尤其是铝和钢，因具有优良的密封性、阻隔性和耐用性而被广泛用于食品、饮料和化妆品等产品的包装，如图 8-89 所示。金属包装不仅能够有效保护产品，还能通过金属的光泽和质感提升产品的档次。

（4）玻璃包装材料。玻璃以其透明、美观、环保的特性成为高端食品和饮品的首选包装材料，如图 8-90 所示。玻璃包装不仅能够直观地展示产品，还能通过造型和主体设计增加产品的附加值。

图 8-89

图 8-90

（5）陶瓷包装材料。陶瓷包装具有独特的艺术性和文化内涵，多用于高端酒类、茶叶等产品，如图 8-91 所示。陶瓷包装不仅能够有效保护产品，还能通过精美的设计和独特的质感提升产品的文化价值和市场吸引力。

图 8-91

项目 9

网页设计——设计"非物质文化遗产"网站首页

　　网页设计涉及网站内容的策划、网站结构的确立以及网站功能的实现。它不仅包括视觉层面的美化，还包括用户体验的优化与交互逻辑的梳理等多个维度。在进行网页设计时，需要全面考虑网站的目标定位、受众群体、页面元素的布局、色彩的搭配、图像的选取以及字体的选择等多个方面，旨在构建一个既美观又实用、同时富含价值的网站。

学习目标

【知识目标】
- 了解网页设计的原则和要素。
- 掌握"链接"面板和网页图像文件导出的操作流程。

【能力目标】
- 能够根据网站主题，设计出用户友好的网页界面和导航结构。
- 能够利用"链接"面板等工具，确保网页的交互性和可用性。

【素养目标】
- 培养学生的用户体验设计思维，注重网站的可用性和可访问性。
- 提高学生对网页设计的前沿趋势和相关技术的了解和应用能力。

知识点1　"链接"面板

通过"链接"面板，可以对置入的图像文件进行定位、重新链接、编辑原稿等操作。选择"窗口→链接"命令，打开"链接"面板，如图 9-1 所示，其中各参数的作用如下。

（1）显示 / 隐藏链接信息 ▼：在"链接"面板中选择一个对象，单击该按钮，可以显示 / 隐藏"链接"面板下方的信息栏，其中将显示链接的名称、格式、色彩空间、位置等信息。

（2）从 CC 库重新链接 ：在"链接"面板中选择一个对象，单击该按钮，在打开的"库"面板中可以重新选择一个素材替换当前链接内容。

图 9-1

（3）重新链接 ：在"链接"面板中选择一个对象，单击该按钮，在打开的"置入"对话框中可选择一个素材替换当前链接内容。

（4）转至链接 ：在"链接"面板中选择一个对象，单击该按钮，可以在画板中定位该对象。

（5）更新链接 ：当链接的素材被修改后，单击该按钮，画板中的对象将同步修改。

（6）编辑原稿 ：在"链接"面板中选择一个链接对象，单击该按钮，可以使用该素材文件默认的编辑软件打开该素材文件进行编辑。

（7）链接的文件 ：在"链接"面板中，若对象后面有该图标，则表示该对象的置入方式为链接。

提示　　链接的素材被存储在 Illustrator 文件外部，这样做的好处是便于素材的修改和更新，同时可以减小 Illustrator 文件的大小。然而，在移动和交付 Illustrator 文件时，必须同时复制素材文件，否则，链接的素材丢失会导致图像变得非常模糊。

知识点2　网页图像文件导出

在使用 Illustrator 制作好网页设计稿后，需要将其中各部分的内容导出为各种不同类型的图像文件，以方便后续网页的制作。

1. 常用的网页图像文件格式

目前常用的网页图像文件格式有 JPG、PNG、GIF、SVG 和 WebP 5 种。

（1）JPG 格式。JPG 是一种广泛使用的图像格式，特别适用于摄影图像。它采用有损压缩技术，可以在保持图像质量的同时显著减小文件大小。JPG 格式适用于显示连续色调的图像，如风景图像、人物图像等。然而，JPG 格式并不适合用于需要高清晰度和无损压缩的场合，如图标、线条图等。

（2）PNG 格式。PNG 是一种无损压缩的图像格式，适用于需要保持图像原始质量的场合。PNG 格式支持透明度，因此常用于网页设计中需要展示半透明或透明效果的图像。此外，PNG 格式还支持多种颜色模式，包括 RGB、灰度、索引色等，这使其成为一种非常灵活的图像格式。

（3）GIF 格式。GIF 是一种早期的图像格式，至今仍在网页设计中占有一席之地。GIF 格式采用无损压缩算法。由于其支持动画效果，所以 GIF 格式常被用于制作简单的网页动画和表情符号。然而，GIF 的色彩深度有限，仅支持 256 种颜色，因此在显示色彩丰富的图像时可能效果不佳。

（4）SVG 格式。SVG 是一种基于 XML 的图像格式，可以创建可缩放的矢量图形。与位图图像不同，矢量图形可以无限放大而不失真，因此非常适用于制作响应式设计的网页图标和图形元素。SVG 格式还支持交互性和动画效果，可以为网页增添更多趣味性。

（5）WebP 格式。WebP 是一种较新的网页图像格式，由谷歌公司开发，旨在提高网页加载速度和图像质量。WebP 格式结合了 JPG 格式和 PNG 格式的优点，可以使用有损压缩，也可以使用无损压缩，并且具有更高的压缩率。此外，WebP 格式还支持透明度和动画效果，这使其成为一种非常全面的网页图像格式。然而，由于 WebP 格式的兼容性不如 JPG 格式和 PNG 格式广泛，因此在使用时需要谨慎考虑。

2. 使用"导出"对话框导出图像文件

使用"导出"对话框，可以将整个 Illustrator 文件中的内容导出为图像文件。选择"文件→导出→导出为"命令，打开"导出"对话框，在其中设置文件夹和保存类型，然后单击 导出 按钮，在打开的对话框中进行相应设置后，单击 确定 按钮导出图像文件。图 9-2 所示为导出 PNG 格式的图像文件。

图 9-2

提示　　在"导出"对话框中默认取消勾选"使用画板"复选框，此时将整个 Illustrator 中的内容导出为一个图像文件（包括画板外的内容）。勾选"使用画板"复选框，将只导出画板中的内容，并且每个画板单独生成一个图像文件，用户还可以指定只导出部分画板中的内容。

3. 使用"资源导出"面板导出图像文件

使用"资源导出"面板可以将 Illustrator 文件中的各种图形和对象导出为图像文件，选择"窗口→资源导出"命令，打开"资源导出"面板，如图 9-3 所示。其中各参数的作用如下。

（1）资源列表：在其中列出了要进行导出的资源。

（2）生成单个资源 ⊞：在文件中选择要导出的对象，单击该按钮，将所有选择的对象作为一个资源添加到资源列表中。

（3）生成多个资源 ⧉：在文件中选择要导出的对象，单击该按钮，将选择的每个对象单独生成一个资源。

（4）删除 🗑：在资源列表中选择要删除的资源，单击该按钮，将删除选择的资源。

（5）iOS：单击该按钮，将按 iOS 的需求添加多个导出设置，如图 9-4 所示。

图 9-3

（6）Android：单击该按钮，将按 Android 系统的需求添加多个缩放设置，如图 9-5 所示。

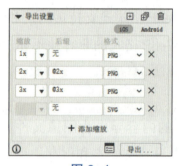

图 9-4

图 9-5

（7）导出设置：用于设置导出图像文件的属性，默认只有 1 条导出设置，可以通过单击 ＋添加缩放 按钮增加新的导出设置。每条导出设置可以设置图像文件的缩放比例、文件名后缀和图像文件格式。

（8） 导出… 按钮：在资源列表中选择要导出的资源，单击该按钮，将导出图像文件，每个资源将按照导出设置的数量生成多个图像文件。

<<< XIANGMU SHISHI
>>> 项目实施

1. 解析设计思路与设计方案

本项目要求设计"非物质文化遗产"网站首页，整个网页从上到下分为第 1 屏、第 2 屏、Banner 区、第 3 屏和页脚 5 个部分。第 1 屏的主要内容为网站标志、导航栏和以及各项非遗① 名录的按钮。第 2 屏的主要内容是非遗展览的简介和视频。Banner 区的内容为世界文

―――――――――
① "非遗"是"非物质文化遗产"的简称，后同。

化遗产日的介绍。第 3 屏的内容为新闻资讯。页脚的内容为友情链接、微博和版权信息。整体视觉风格以中式传统美学为主导，采用符合非遗文化特色的配色方案、图形元素和背景图案。同时，注重页面的排版布局和字体选择，确保信息清晰易读和整体视觉效果和谐统一。

　　本项目的最终效果如图 9-6 所示，具体步骤如下。

图 9-6

（1）制作第 1 屏内容。

（2）制作第 2 屏内容。

（3）制作 Banner 区内容。

（4）制作第 3 屏内容。

（5）制作页脚内容。

（6）导出图像文件。

2. 制作第 1 屏内容

（1）启动 Illustrator 2023，新建一个宽 1 920 px、高 4 000 px、采用 RGB 颜色模式的文件。

（2）按 "Ctrl+R" 组合键显示标尺，将鼠标指针移动到水平标尺上，向下拖动出水平辅助线，然后在 "变换" 面板中设置 Y 值为 "1 080 px"。

（3）使用相同的方法，添加 4 条水平辅助线，在 "变换" 面板中设置它们的 Y 值分别为 "2 160 px" "2 580 px" "3 660 px" "3 900 px"，如图 9-7 所示。

（4）置入 "bg1.png" 文件（素材 / 项目 9/ "bg1.png"），调整图像的大小和位置与第 1 屏的大小和位置相同，如图 9-8 所示。

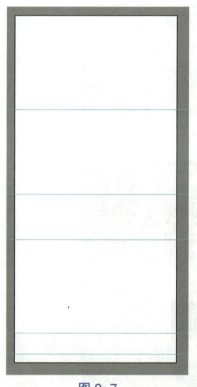

图 9-7

图 9-8

（5）在第 1 屏的最上方绘制一个宽 1 920 pt、高 200 pt 的矩形，设置填色为白色，然后在 "透明度" 面板中设置不透明度为 "75%"，如图 9-9 所示。

（6）在第 1 屏的最上方的中心位置绘制一个旗帜图形，设置填色为 "#7b2209"，如图 9-10 所示。

图 9-9

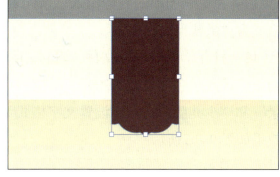

图 9-10

（7）选择"对象→路径→偏移路径"命令，打开"偏移路径"对话框，设置位移为"-5 px"，单击 确定 按钮，向内偏移路径。为偏移后的路径设置颜色为"#f7931e"、粗细为"1 pt"的描边，如图 9-11 所示。

（8）打开"凤凰 .ai"文件（素材 / 项目 9/"凤凰 .ai"），将其中的凤凰图形复制到画面中，设置填色为白色，调整大小，并移动到旗帜图形中间，如图 9-12 所示。

图 9-11

图 9-12

（9）在凤凰图形的下方输入"非遗文化"文本，设置文字格式为"方正小篆体，36 pt"，文字颜色为白色，如图 9-13 所示。选择两个旗帜图形、凤凰图形和文本，按"Ctrl+G"组合键，将选择的图像组合成一个对象。

（10）在旗帜图形的左侧输入"非物质文化遗产"文本，设置文字格式为"方正北魏楷书简体，36 pt"，文字颜色为黑色。输入"网站首页""非遗名录""非遗展览"3 个文本，设置文字格式为"微软雅黑，16 pt"，文字颜色为黑色，完成后的效果如图 9-14 所示。

图 9-13

图 9-14

（11）在旗帜图形的右侧输入"新闻资讯""联系我们""非遗产品"3 个文本，设置文字格式为"微软雅黑，16 pt"，文字颜色为黑色，完成后的效果如图 9-15 所示。

（12）打开"图标 .ai"文件（素材 / 项目 9/"图标 .ai"），将其中的 5 个图标图形复制到画面中，设置填色为"#7b2209"，调整大小，并移动到第 1 屏的右上角，然后输入"注册 /登录"和"少儿版"文本，设置文字格式为"微软雅黑，20 pt"，文字颜色为黑色，完成后的效果如图 9-16 所示。

图 9-15　　　　　　　　　　　　　　　　图 9-16

（13）在第 1 屏的左侧绘制一个矩形，设置边角类型为内凹的弧形，边角大小为"20 pt"，置入"pic1.png"文件（素材 / 项目 9/"pic1.png"），调整大小、位置和旋转角度，如图 9-17所示。

（14）将矩形移动到顶层，选择矩形和书籍图形，按"Ctrl+F7"组合键创建剪切蒙版，然后设置填色为"#0f6291"，如图 9-18 所示。

图 9-17　　　　　　　　　　　　　　　　图 9-18

（15）打开"祥云 .ai"文件（素材 / 项目 9/"祥云 .ai"），将其中的祥云图形复制到画面中，设置填色为"#c7b299"，调整大小，并移动到矩形的上方。输入直排文本"民间文学"，设置文字格式为"方正铁筋隶书简体，36 pt"，文字颜色为白色，如图 9-19 所示。

（16）选择祥云图形、文本和矩形，按"Ctrl+G"组合键，将它们组合成一个对象。

（17）使用相同的方法制作其他 9 个矩形，并根据实际情况调整各个对象的格式，如为"传统音乐"矩形中的琵琶图形添加"投影"效果、为"传统医药"矩形设置边框等，如图9-20 所示。

图 9-19

图 9-20

3. 制作第 2 屏内容

（1）置入"bg2.png"文件（素材 / 项目 9/ "bg2.png"），调整图像的大小和位置与第 2 屏的大小和位置相同，如图 9-21 所示。

（2）在第 2 屏上方中间位置绘制一个矩形，设置填色为"#7b2209"，然后在"外观"面板中为其设置两条描边，第 1 条描边的颜色为"#f7931e"，粗细为"2 pt"，第 2 条描边的颜色为"#7b2209"，粗细为"8 pt"，如图 9-22 所示。

图 9-21

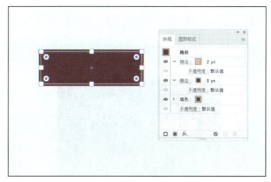

图 9-22

（3）置入"荷花 .ai"文件（素材 / 项目 9/ "荷花 .ai"），调整大小并移动到矩形的左下方。打开"点 .ai"文件，（素材 / 项目 9/ "点 .ai"），将其中的图形复制画面中，调整大小，移动到矩形的中心位置，然后设置填色为"#f7931e"，如图 9-23 所示。

（4）输入"非遗　展览"文本，设置文字格式为"方正北魏楷书简体，36 pt"，文字颜色为白色，如图 9-24 所示。

图 9-23

图 9-24

（5）在矩形和荷花下方输入一段文本，设置文字格式为"微软雅黑，16 pt"，行距为"44 pt"，文字颜色为黑色，如图 9-25 所示。

图 9-25

（6）置入"视频画面 .png"文件 ▶（素材 / 项目 9/"荷花 .ai"），调整大小并移动到文本的下方，如图 9-26 所示。

（7）打开"播放 .ai"文件，（素材 / 项目 9/"播放 .ai"），将其中的图形复制画面中，调整大小，移动到"视频画面"图像的中心位置，然后设置填色为白色，如图 9-27 所示。

图 9-26　　　　　　　　　　　　　　　图 9-27

4. 制作 Banner 区内容

（1）绘制一个和 Banner 区大小相同的矩形，并设置填色为"#b23321"，如图 9-28 所示。

（2）置入"底纹 .png"文件（素材 / 项目 9/"底纹 .png"），调整其大小和 Banner 区大小相同，然后在"透明度"面板中设置不透明度为"40%"，如图 9-29 所示。

图 9-28　　　　　　　　　　　　　　　图 9-29

（3）置入"天坛 .png"文件（素材 / 项目 9/ "天坛 .png"），调整其大小，并将其移动到
Banner 区左侧，如图 9-30 所示。

（4）输入"文化遗产"文本，设置文字格式为"方正小篆体，200 pt"，文字颜色为黑色，
然后在"透明度"面板中设置不透明度为"15%"，如图 9-31 所示。

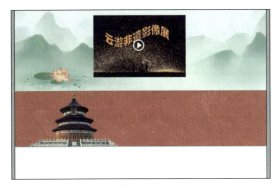

图 9-30　　　　　　　　　　　　　　　　　图 9-31

（5）输入"世界文化遗产日"文本，设置文字格式为"方正卡通简体，100 pt"，文字颜
色为"#f2e2e2"，选择"效果→变形→ 弧形"命令，打开"变形选项"对话框，设置弯曲为
"20%"，单击　确定　按钮应用"弧形"效果，完成后的效果如图 9-32 所示。

（6）输入"2024 年 6 月 8 日"文本，设置文字格式为"微软雅黑，36 pt"，文字颜色为
黑色，如图 9-33 所示。

图 9-32　　　　　　　　　　　　　　　　　图 9-33

5. 制作第 3 屏内容

（1）置入"bg3.png"文件（素材 / 项目 9/ "bg3.png"），调整图像的大小和位置与第 3 屏
的大小和位置相同，如图 9-34 所示。

（2）将第 2 屏上方的荷花以及标题部分内容复制一份到第 3 屏上方中间的位置，然后修
改其中的文本为"新闻　资讯"，如图 9-35 所示。

（3）绘制一个高 270 pt、宽 330 pt 的矩形，设置填色为白色，选择"效果→风格化→外
发光"命令，打开"外发光"对话框，设置模式为"正片叠底"，颜色为"黑色"，不透明度
为"75%"，模糊为"5 px"，单击　确定　按钮应用"外发光"效果，完成后的效果如图 9-36
所示。

图 9-34

图 9-35

（4）置入"n1.jpg"图像文件（素材/项目9/"n1.jpg"），调整大小并将其移动到矩形上方，然后在图像下方输入该条新闻的标题和日期文本，设置文字格式为"微软雅黑，12 pt"，文字颜色为黑色，行距为"24 pt"，如图9-37所示。

图 9-36

图 9-37

（5）选择矩形、图像和文本，按"Ctrl+G"组合键进行组合，然后按"Ctrl+C"组合键复制，再按5次"Ctrl+V"组合键粘贴出5个对象。将这个6个组合对象排列整齐，如图9-38所示。

（6）选择"直接选择工具" ▷，选择第2个组合对象中的图像，选择"窗口→链接"命令，打开"链接"面板，单击"重新链接"按钮 🔗，如图9-39所示。

图 9-38

图 9-39

（7）打开"置入"对话框，在其中选择"n2.jpg"文件（素材 / 项目 9/"n2.jpg"），单击 置入 按钮，替换图像文件，然后将文本修改为对应的新闻标题和时间。

（8）使用相同的方法将剩余 4 个组合对象中的图像分别替换为"n3.jpg"~"n6.jpg"文件（素材 / 项目 9/"n3.jpg"~"n6.jpg"），然后分别修改这个组合对象中的文本内容为对应的新闻标题和时间，如图 9-40 所示。

（9）输入"查看更多"文本，设置文字格式为"微软雅黑，18 pt"，文字颜色为黑色，如图 9-41 所示。

图 9-40

图 9-41

6. 制作页脚内容

（1）在页脚部分绘制两个矩形，分别设置颜色为"#c2a98b"和"#e6e6e6"，如图 9-42 所示。

（2）将第 1 屏中的旗帜图形复制到页脚部分的中间位置，修改旗帜图形的填色为白色，凤凰图形的填色为"#7b2209"，文本颜色为"#7b2209"，如图 9-43 所示。

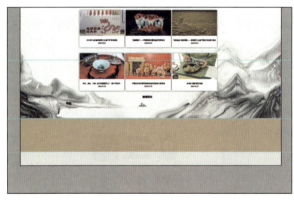

图 9-42

图 9-43

（3）在旗帜图形左侧输入友情链接的相关文本，在右侧输入网站微博的相关文本，设置字体为微软雅黑，文字颜色为白色，并设置合适的文字大小。在旗帜图形下方的矩形中输入版权信息和备案号，设置字体为微软雅黑，文字颜色为白色，并设置合适的文字大小。置入"二维码 .png"（素材 / 项目 9/"二维码 .png"），调整大小并移动到网站微博文本的右侧，如图 9-44 所示。

图 9-44

7. 导出图像文件

（1）在第 1 屏的旗帜图形上单击鼠标右键，在弹出的快捷菜单中选择"收集以导出→作为单个资源"命令，将选择的对象添加到"资源导出"面板中，如图 9-45 所示。

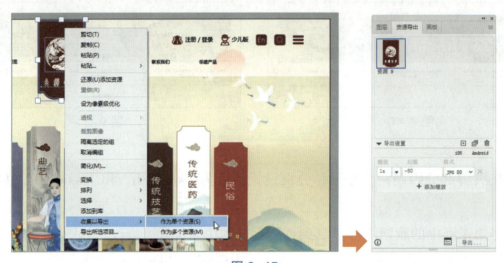

图 9-45

（2）选择第 1 屏右上角的 5 个图标，单击鼠标右键，在弹出的快捷菜单中选择"收集以导出→作为多个资源"命令，将选择的对象作为多个资源添加到"资源导出"面板中，如图 9-46 所示。

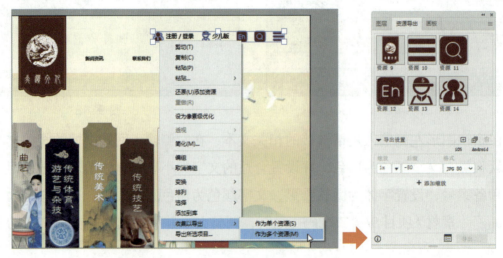

图 9-46

（3）使用相同的方法将荷花图形、页脚部分的旗帜图形、两个标题图形添加到"资源导出"面板中。选择所有资源，然后将资源类型改为"SVG"，单击 导出... 按钮，如图 9-47 所示。在打开的"选择位置"对话框中选择保存导出资源的文件夹，单击 选择文件夹 按钮，将资源导出为 SVG 格式的图像文件。

（4）选择"资源导出"面板中的所有资源，单击"删除"按钮 🗑，然后将第 1 屏、第 2 屏、第 3 屏的背景图像和第 3 屏中的 6 张新闻图片添加到"资源导出"面板中，将资源类型改为"JPG 80"，如图 9-48 所示。单击 导出... 按钮，在打开的"选择位置"对话框中单击 选择文件夹 按钮，将资源导出为 JPG 格式的图像文件。

（5）删除"资源导出"面板中的所有资源，然后将第 1 屏中的 10 个组合对象、整个 Banner 图形，以及二维码图形添加到"资源导出"面板中，将资源类型改为"PNG"，如图 9-49 所示。单击 导出... 按钮，在打开的"选择位置"对话框中单击 选择文件夹 按钮，将资源导出为 PNG 格式的图像文件。

图 9-47

图 9-48

图 9-49

KEHOU LIANXI

>>> 课后练习

（1）制作"喵喵"App 下载网页（图 9-50）。整个页面分为 5 个部分。第一部分是品牌标识和导航栏，展示"喵喵"App 的 Logo 和提供便捷操作路径。第二部分是宣传语、界面预览图和下载按钮，传达产品核心价值并激发用户的下载欲望。第三部分是喵喵广场，展示精选萌宠图片，带给用户欢乐与陪伴。第四部分是下载服务核心区域，提供针对不同设备的下载按钮和二维码扫描下载方式。底部（第五部分）再次呈现导航栏和版权信息，以便用户切换页面并保护知识产权。整体设计以明黄色和白色为主色调，展现活泼可爱的风格，打造趣味温馨的喵喵世界（素材/项目 8/"mm1.png"~"mm4.png""二维码 .ai""喵 .ai""手机 .png""图标 1.ai"、效果/项目 9/"喵喵 App 下载网页 .ai"）。

图 9-50

（2）制作"睿思酒店"网站首页（图 9-51）。首页的头部区域展示酒店标志、导航栏等内容，酒店标志体现品牌与品位，导航栏提供快速了解酒店服务与设施的途径。主要内容区域用高清图片展示酒店环境，新闻动态板块更新最新活动与优惠信息，酒店简介介绍历史、文化和服务理念，联系方式便于客户预定或咨询。页脚部分包含版权信息。整体设计以深棕色为主色调，营造沉稳高贵的氛围，通过古典花纹底纹提升视觉效果，增添历史韵味和文化底蕴（素材 / 项目 9/ "dw.png" "j.png" "j1.png" ～ "j4.png" "二维码 .ai"、效果 / 项目 9/ "酒店 .ai"）。

图 9-51

网页的栅格系统、文字排版和配色

　　网页设计既是一门艺术，也是数字时代品牌展示、信息传递和用户体验的重要环节。它需要巧妙地将多个模块和元素组合成一个和谐统一的视觉画面。为了实现这一目标，设计师必须深入理解并掌握网页设计的基本原则，其中布局、内容和色彩是三大核心要素。因此，想要实现出色的网页设计，设计师必须学习并掌握网页的栅格系统、文字排版以及配色等关键技巧。通过合理的模块布局、内容呈现以及色彩搭配，设计师能够创造出既美观又实用的网页界面，为用户带来愉悦的浏览体验。

1. 栅格系统

　　栅格系统又称为网格系统，是网页设计的核心框架。它通过将页面分割成一系列水平和垂直的栏目，帮助设计师更加精确地控制每个元素的位置和大小。栅格系统的使用使网页设计更加规范、统一，并有助于在不同设备和屏幕尺寸条件下保持一致的视觉效果。栅格系统由列和水槽构成，列决定了栅格的数量，水槽决定了列与列之间的空隙，如图9-52所示。

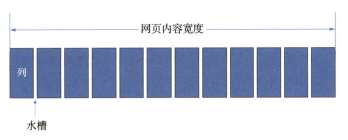

图 9-52

　　在不同的设备平台上，网页布局的列数有所不同。PC端网页通常采用12列布局，以便更精细地展示内容，如图9-53所示；手机端网页采用4列或3列布局，以便在较小的屏幕中呈现清晰简洁的内容，如图9-54所示。虽然列数不同，但网页的中心思想、内容和情感应该保持一致。无论用户通过哪种设备访问网页，都能获得一致的用户体验。因此，在设计网页时，需要根据不同的设备和用户需求，选择合适的布局方式，以确保网页的可访问性、可读性和易用性。

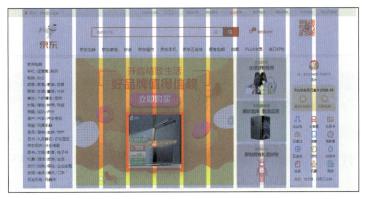

图 9-53

图 9-54

2. 文字排版

文字排版作为网页设计的核心要素之一，其重要性不言而喻。好的文字排版不仅能提升网页的整体美感，还能有效引导用户阅读，提升信息的传达效率。

1）字体的选择

字体是文字排版的基石。选择一款与网页主题和风格匹配的字体至关重要。同时，字体的易读性和可识别性也是不能忽视的因素。无衬线字体，如 Arial、Helvetica、微软雅黑等，在网页设计中备受欢迎，因为它们简洁、清晰、易于阅读。另外，网页中使用的字体不宜过多，同一个网页中的字体不宜超过 3 种，否则会给用户造成困扰，如图 9-55 所示。

网页中使用的字体不宜过多，**同一个网页中的字体不宜超过 3 种**，否则会给用户造成困扰。

图 9-55

2）文字大小设置

文字大小直接关系到用户的阅读舒适度。标题作为内容的引领者，通常比正文文字稍大，以突出其重要性。正文文字大小需要适中，既不过于拥挤，也不过于稀疏，确保用户在浏览时能够轻松阅读。

3）行距与字间距的调整

合适的行距和字间距是提升文字可读性的关键。行距过小会使文字显得拥挤，影响阅读体验；而行距过大则可能让文字显得过于分散，失去紧凑感。字间距的调整同样重要，适当的字间距能够让文字排列更加整齐美观。

4）对齐方式的控制

对齐方式在文字排版中扮演着重要的角色。左对齐是最常见的对齐方式，它使文字排列整齐，易于阅读。居中对齐常用于强调某些重要内容，如标题或关键信息。右对齐则较为少见，但在某些特定场合下也能发挥独特的效果。

5）文字颜色的考量

文字颜色需要与背景色协调，以确保文字的可读性。深色背景搭配浅色文字，或者浅色背景搭配深色文字，都是常见的搭配方式。这样的搭配能够确保文字在网页中更加突出，易于辨识。

6）段落与标题的运用

合理的段落划分和标题设置是提升网页内容可读性的重要手段。每个段落都应该有一个明确的主题，以便于用户快速理解内容。标题应该简洁明了，能够概括段落的核心内容，帮助用户快速定位所需信息。

7）空白的运用与排版的整体感

在网页设计中，空白的运用很重要。适当的空白不仅能够让页面的观感舒适，还能够有效突出重要内容，提升用户的阅读体验。同时，整体的排版布局需要考虑用户的阅读习惯和视觉感受，确保用户在浏览网页时能够轻松找到所需信息。

3. 网页配色

在网页设计中，配色无疑是至关重要的环节。它不仅关乎用户的视觉感受，还深刻影响网站的整体氛围和传达的信息。一个精心设计的配色方案能够为用户带来舒适、愉悦的浏览体验，进而提升网站的用户友好度和用户黏性。

1）使用近邻色

近邻色是指在色相环中相距 60° 或者相隔 3 个位置以内的 2 种颜色。这种颜色组合的特点是彼此色相近似，冷暖性质一致，色调统一和谐，感情特性一致。例如，蓝色和紫色、红色和黄色等颜色都是近邻色。利用近邻色来设计页面，可以使页面的配色更加方便，也可以避免色彩杂乱，使页面层次分明，整体页面效果更加和谐统一，如图 9-56 所示。

图 9-56

2）使用对比色

对比色是指两种可以明显区分的颜色，它们在色相环上的位置相距较远，通常相距150° ~180°。这种颜色组合可以产生强烈的对比效果，给人留下深刻的印象。例如，蓝色和橙色、红色和绿色，以及紫色和黄色等都是对比色。通过合理地运用对比色，可以使页面与众不同，给浏览者带来生动的视觉效果，并突出页面的重点，吸引浏览者进一步浏览，更深入地了解网站的信息。在网页设计中，一般以一种颜色为主色调，用对比色点缀和丰富页面，从而起到画龙点睛的作用，如图 9-57 所示。

图 9-57

3）使用黑色

黑色是一种经典的颜色，也是一种神秘的颜色，它含有攻击性，但它在邪恶中隐藏着优雅，在沉稳中包含着威严，它与力量密不可分，它是最具表现力的颜色，强烈而鲜明。因此，黑色与鲜明多变的排版样式结合，再加上对比色和辅助色，会使页面产生一种独特而鲜明的质感。黑色的页面往往能顺利地掩盖一些缺陷，并能突出一些内容和效果，如图 9-58 所示。

图 9-58

4）使用背景色

一般来说，应使用素雅的颜色作为背景色，避免使用复杂的图案和高纯度的颜色，背景色应与页面的主色调协调。使用背景色的目的是辅助主色调，丰富页面设计的整体性。因此，背景色不应该使用纯度太高的颜色。如果为了美化页面而使用一些颜色过于复杂的图片，那么不仅会使页面华而不实，而且不容易突出重点。应该注意的是，背景色要与文字颜色形成强烈的对比，这样才能突出文字，从而突出页面的主题，如图 9-59 所示。

图 9-59

项 目 10

画册设计——设计"海鹏食品"画册

　　画册设计是一项综合性工作，涵盖内容策划、版面布局、视觉呈现以及读者体验等多个方面。画册设计不仅是简单的美化页面，还需要从读者的角度出发，精心设计每一个细节，确保画册既有艺术美感，又易于阅读和理解。在画册设计过程中，需要考虑画册的主题、目标受众、内容结构、图文搭配、色彩运用以及纸张和印刷工艺等多个要素，力求打造出内容丰富、设计精美、独具特色的高品质画册。

学习目标

【知识目标】
- 掌握定义色板、字符样式和段落样式的方法。
- 学习文本绕排等文本编辑技巧。

【能力目标】
- 能够根据品牌特色，设计出统一且具有吸引力的画册。
- 能够合理运用色板、字符样式等工具，提升画册设计的专业性和一致性。

【素养目标】
- 培养学生的品牌传播意识和视觉识别系统的构建能力。
- 提高学生对画册设计中版式设计、配色等要素的掌握和运用能力。

知识点1 定义色板

利用"色板"面板可以轻松地定义并存储经常使用的颜色。当需要使用这些颜色时，只需简单地选择即可，大大提高了工作效率。此外，一旦修改了色板的颜色，文件中所有引用该色板的元素都会自动更新，确保了颜色的一致性。选择"窗口→色板"命令，打开"色板"面板，如图10-1所示，其中各参数的作用如下。

（1）"显示列表视图"按钮▤：单击该按钮，将以列表的方式显示色板，如图10-2所示。

（2）"显示缩略图视图"按钮▦：单击该按钮，将以缩略图的方式显示色板。

（3）"色板库"按钮▥：单击该按钮，在打开的下拉菜单中可以打开其他色板库。

（4）"添加到库"按钮▣：单击该按钮，可以将当前选中的色板添加到"库"面板中。

（5）"显示色板类型"按钮▦：单击该按钮，在打开的下拉菜单中可以选择在"色板"中要显示的色板类型，默认为显示所有色板类型。

（6）"色板选项"按钮▤：单击该按钮，将打开"色板选项"对话框，在其中可以修改色板的名称、颜色类型和颜色值等属性。

（7）"新建颜色组"按钮▰：单击该按钮可以新建一个颜色组，并可以将色板放置到不同的颜色组中，以便分类管理。

（8）"新建色板"按钮⊞：单击该按钮，将打开"新建色板"对话框，在其中可以设置色板的名称、颜色类型和颜色值等属性，如图10-3所示。

图 10-1

图 10-2

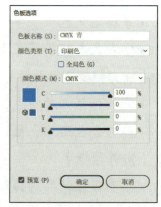

图 10-3

（9）"删除色板"按钮▦：单击该按钮，将删除当前选中的色板。

知识点2 字符样式和段落样式

字符样式和段落样式是 Illustrator 的非常重要的功能，使用字符样式和段落样式不仅可以提高工作效率，还可以使设计作品更加规范和统一。

1. 创建和应用字符样式

1）直接创建字符样式

不选择任何文本，选择“窗口→字符样式”命令，打开“字符样式”面板，单击“创建新样式”按钮 ，打开“新建字符样式”对话框，在“样式名称”文本框中输入字符样式名称，然后设置基本字符格式、高级字符格式、字符颜色等属性，完成后单击 确定 按钮，创建字符样式，如图 10-4 所示。

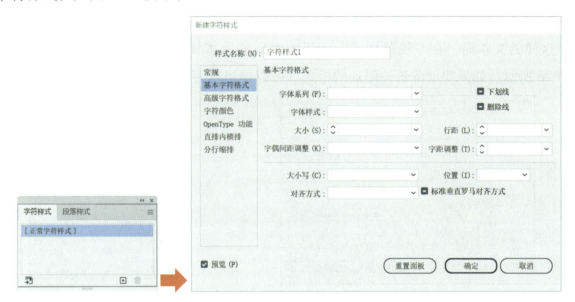

图 10-4

　提示　在设定某项参数的值后，若要取消该参数的设置，直接删除文本框中的数值是行不通的，只有单击“重置面板”按钮才能取消参数的设置。

2）从文本新建字符样式

先根据需要设置文本的字符格式，然后选择文本，单击“字符样式”面板中的“创建新样式”按钮 ，将根据选择文本的字符格式直接创建一个字符样式。

3）修改字符样式名称

在“字符样式”面板中双击字符样式的名称部分，使其呈可编辑状态，输入新的名称，再按“Enter”键完成修改。

4）修改字符样式格式

在“字符样式”面板中双击字符样式名称后面的空白位置，在打开的“字符样式选项”对话框中修改字符样式的参数，其内容与“新建字符样式”对话框完全一致，然后单击 确定 按钮，完成修改。

5）应用字符样式

选择要应用字符样式的文本，在“字符样式”面板中单击字符样式即可对文本应用该字符样式。

2. 创建和应用段落样式

创建和应用段落样式的方法与创建和应用字符样式的方法类似，只是在"新建段落样式"对话框中增加了很多段落格式的选项卡，可以在其中设置段落样式的格式，如图10-5所示。

将文本插入点定位要应用段落样式的段落中，或选择该段落中的部分文本，在"段落样式"面板中单击段落样式即可对段落应用段落样式。

对于应用了段落样式的文本，可以通过"字符"面板和"段落"面板修改文本的格式。当选择这样的文本时，在"段落样式"面板中对应的段落样式名称后会显示一个"＋"号，如图10-6所示。如果要清除这些附加的格式，可以单击段落样式名称进行清除。

图 10-5

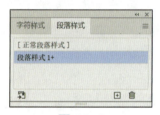

图 10-6

知识点3　文本绕排

使用文本绕排可以使文本围绕某个对象的边缘分布。将要进行文本绕排的对象放置在文本上方，然后选择"对象→文本绕排→建立"命令，创建文本绕排，如图10-7所示。

选择"对象→文本绕排→文本绕排选项"命令，打开"文本绕排选项"对话框，在其中可以设置文字与对象之间的位移，如图10-8所示。

图 10-7

图 10-8

XIANGMU SHISHI
▶▶▶ 项目实施

1. 解析设计思路与设计方案

本项目要求设计"海鹏食品"画册，整个项目包含6个画板。第1个画板展示封面和封底，背景为"海鹏食品"专卖店的照片。封面包含一个红色矩形，其中嵌入标题，并附有"海鹏食品"标志。封底下方有一个半透明的灰色矩形，其中包含标志、地址、网站、电话和公众号等信息。第 2 个画板包括"海鹏食品"简介、产品工艺流程以及"海鹏食品"所获得的荣誉称号。第 3 个画板展示"海鹏食品"的发展历程。第 4~6 个画板专注于产品展示。在制作过程中，需要首先定义色板、字符样式和段落样式，以确保画册整体风格的一致性。

本项目的最终效果如图 10-9 所示，具体步骤如下。

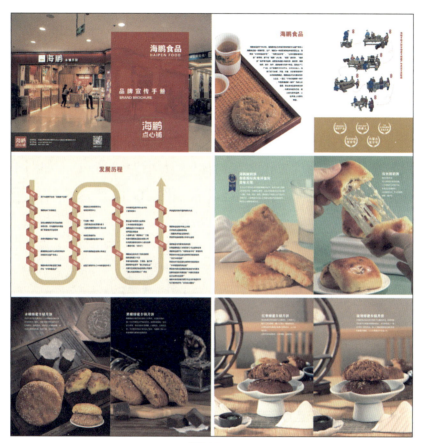

图 10-9

（1）定义色板、字符样式和段落样式。

（2）制作封面和封底。

（3）制作"海鹏食品"简介内容。

（4）制作"海鹏食品"发展历程内容。

（5）制作产品展示内容。

2. 定义色板、字符样式和段落样式

（1）启动 Illustrator 2023，新建一个宽 420 mm、高 285 mm、"出血" 3 mm、采用 CMYK 颜色模式的文件。

（2）选择"窗口→色板"命令，打开"色板"面板，单击"新建色板"按钮⊞，打开"新建色板"对话框，设置色板名称为"主色－红"，颜色值为（C：20，M：100，Y：100，K：0），如图 10-10 所示，单击 确定 按钮，创建色板。

（3）新建一个"辅色－金"色板，设置颜色值为（C：20，M：100，Y：100，K：0），如图 10-11 所示。在"色板"面板中单击"显示列表视图"按钮 ☰，如图 10-12 所示。

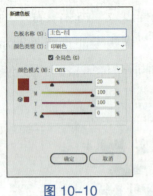
图 10-10

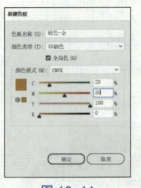
图 10-11

图 10-12

（4）选择"窗口→文字→字符样式"命令，打开"字符样式"面板，单击"创建新样式"按钮 ⊞，打开"新建字符样式"对话框，设置样式名称为"标题 1"，选择"基本字符格式"选项卡，设置字体系列为"方正大黑简体"，大小为"36 pt"，如图 10-13 所示。选择"字符颜色"选项卡，设置填色为"主色－红"，如图 10-14 所示，单击 确定 按钮，创建字符样式。

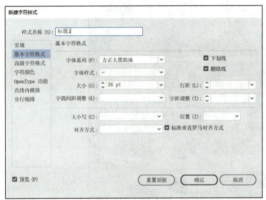
图 10-13

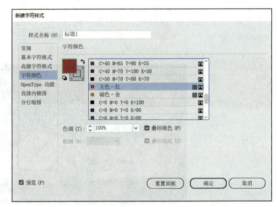
图 10-14

（5）创建一个"标题 2"字符样式，设置字体系列为"方正大黑简体"，大小为"21 pt"，如图 10-15 所示，设置填色为"白色"，如图 10-16 所示。

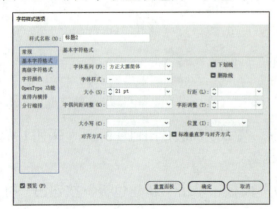
图 10-15

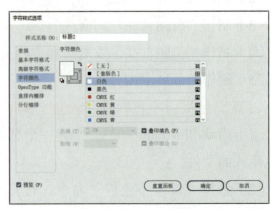
图 10-16

（6）选择"窗口→文字→段落样式"命令，打开"段落样式"面板，单击"创建新样式"按钮 ⊞，打开"新建段落样式"对话框，设置样式名称为"正文 1"，选择"基本字符格式"选项卡，设置字体系列为"方正兰亭黑简体"，大小为"10.5 pt"，如图 10-17 所示。选择"缩进和间距"选项卡，设置对齐方式为"左对齐"，首行缩进为"21 pt"，如图 10-18 所示。选择"字符颜色"选项卡，设置填色为"黑色"，如图 10-19 所示，单击 确定 按钮，创建段落样式。

图 10-17

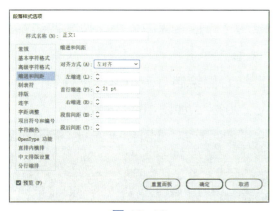

图 10-18

图 10-19

（7）选择"正文 1"段落样式，单击 ☰ 按钮，在打开的菜单中选择"复制段落样式"命令，复制出一个"正文 1_ 复制"段落样式，双击该段落样式，打开"段落样式选项"对话框，将样式名称修改为"正文 2"，将首行缩进修改为"0 pt"，将字符颜色修改为"白色"，如图 10-20 和图 10-21 所示，单击 确定 按钮。

图 10-20

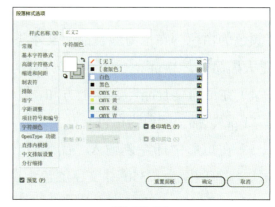

图 10-21

（8）复制"正文 1"段落样式，双击复制后的段落样式，打开"段落样式选项"对话框，将样式名称修改为"项目符号"，在"缩进和间距"选项卡中单击 重置面板 按钮，删除对齐方式和首行缩进的设置，如图 10-22 所示。选择"项目符号和编号"选项卡，设置项目符号字

符为 " · ",如图 10-23 所示,单击 确定 按钮。

图 10-22

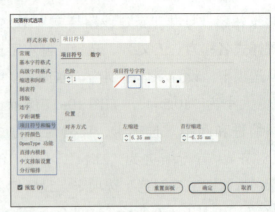

图 10-23

3. 制作封面和封底

(1)置入 "1.png" 文件(素材 / 项目 10/ "1.png"),调整图像的大小,使其四边都到达 "出血" 位置,如图 10-24 所示。

(2)在 210 mm 处添加一条垂直辅助线,在辅助线右侧绘制一个矩形,设置填色为 "主色-红",然后在 "透明度" 面板中设置不透明度为 "90%",如图 10-25 所示。

图 10-24

图 10-25

(3)在矩形右上角输入 "海鹏食品" 文本,设置文字格式为 "方正大黑简体,48 pt",文字颜色为白色。在 "海鹏食品" 文本下方输入 "HAIPEN FOOD" 文本,设置文字格式为 "方正大黑简体,21 pt",文字颜色为白色。

(4)在 "海鹏食品" 文本上方和 "HAIPEN FOOD" 文本下方各绘制一条直线,设置粗细为 "1 pt",描边颜色为白色。

(5)在矩形中部左侧输入 "品牌宣传手册" 文本,设置文字格式为 "方正大黑简体,36 pt",字符间距为 "350",文字颜色为白色。在 "品牌宣传手册" 文本下方输入 "BRAND BROCHURE" 文本,设置文字格式为 "方正大黑简体,21 pt",字符间距为 "0",文字颜色为白色,如图 10-26 所示。

(6)置入 "logo.ai" 文件(素材 / 项目 10/ "logo.ai"),调整图形的大小,并将其移动到矩形下部中间的位置,如图 10-27 所示。

图 10-26

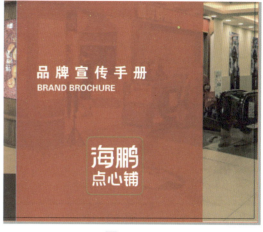

图 10-27

（7）在画面左侧下方绘制一个矩形，设置填色为黑色，然后在"透明度"面板中设置混合模式为"正片叠底"，不透明度为"75%"，如图 10-28 所示。

（8）复制一个 Logo 图形，调整大小并移动到矩形左侧。在 Logo 图形右侧输入总部地址、官方网站和加盟热线的文本内容，设置文字格式为"方正大黑简体，10 pt"，行距为"14 pt"，文字颜色为白色。

（9）打开"二维码.ai"文件（素材／项目 10/"二维码.ai"），将其中的图形复制到画面中，修改填色为白色，调整大小，并移动到矩形右侧。在二维码下方输入"微信公众号"文本，设置文字格式为"方正大黑简体，10 pt"，行距为"14 pt"，文字颜色为白色，如图 10-29 所示。

图 10-28

图 10-29

4. 制作"海鹏食品"简介内容

（1）新建一个画板，在标尺上单击鼠标右键，在弹出的快捷菜单中选择"更改为画板标尺"命令，然后在 210 mm 处添加一条垂直辅助线。

（2）置入"2.png"文件（素材／项目 10/"2.png"），调整其大小，并将其移动到画面左下方，如图 10-30 所示。

（3）选择"钢笔工具" ，沿着图像内容的边缘绘制一条路径，选择"对象→文本绕排→建立"命令，创建文本绕排，如图 10-31 所示。

图 10-30

图 10-31

（4）在辅助线左侧上方输入"海鹏食品"文本，在"字符样式"面板中选择"标题 1"字符样式，应用字符样式，如图 10-32 所示。

（5）选择"文字工具" ，在"海鹏食品"文本下方拖动鼠标绘制一个文本框，输入简介文本，在"段落样式"面板中选择"正文 1"段落样式，应用段落样式，如图 10-33 所示。

图 10-32

图 10-33

（6）选择创建了文本绕排的图形，单击鼠标右键，在弹出的快捷菜单中选择"排列→置于顶层"命令，使文本产生绕排效果。

（7）选择"对象→文本绕排→文本绕排选项"命令，打开"文本绕排选项"对话框，设置位移为"30 pt"，如图 10-34 所示，单击 确定 按钮。完成后的效果如图 10-35 所示。

图 10-34

图 10-35

（8）置入"流程图.png"文件（素材/项目10/"流程图.png"），调整大小，并将其移动到辅助线右侧居中的位置，如图10-36所示。

（9）选择"直排文字工具" ，在流程图的右侧输入"海鹏丰镇月饼非物质文化遗产传承技艺流程图"文本，设置文字格式为"方正大黑简体，14 pt"，文字颜色为"主色－红"，如图10-37所示。

图 10-36

图 10-37

（10）在流程图下方绘制一个矩形，并设置填色为"辅色－金"，如图10-38所示。

（11）打开"花边.ai"文件（素材/项目10/"花边.ai"），将其中的图形复制到画面中，修改填色为白色，调整大小，并移动到矩形中。复制4个花边图形，然后将5个花边图形排列整齐。

（12）在每个花边图形中输入相应的文本，设置字体为"方正大黑简体"，文字颜色为白色，并根据实际情况调整字号，如图10-39所示。

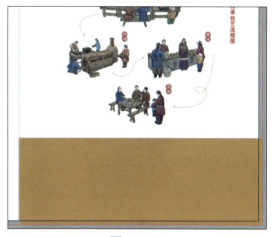

图 10-38

图 10-39

5. 制作"海鹏食品"发展历程内容

（1）新建一个画板，在其中绘制一个与出血框大小一致的矩形，设置填色为"辅色－金"，然后在"透明度"面板中设置不透明度为"10%"，如图10-40所示。

（2）选择"钢笔工具"，在画板中绘制图10-41所示的路径。

图 10-40　　　　　　　　　　　　图 10-41

（3）在"描边"面板中设置路径的粗细为"30 pt"，结束位置的箭头样式为"箭头 7"
（ ➔ ），并扩展到路径终点外，如图 10-42 所示。

（4）设置面板颜色为"辅色 - 金"，然后在"透明度"面板中设置不透明度为"50%"，
完成后的效果如图 10-43 所示。

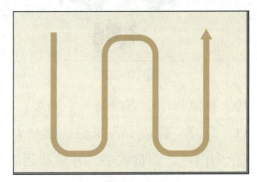

图 10-42　　　　　　　　　　　　图 10-43

（5）在画板中绘制两个三角形和一个平行四边形，设置填色都为"主色 - 红"，选择平
行四边形，在"颜色"面板中将颜色浓度设置为"80%"，如图 10-44 所示。

（6）输入"1948"文本，设置文字格式为"Agency FB，Bold，18 pt"，文字颜色为白色，
然后在"变换"面板中旋转"270°"，如图 10-45 所示。

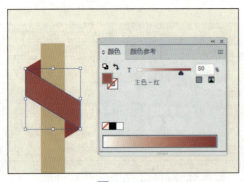

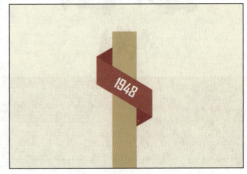

图 10-44　　　　　　　　　　　　图 10-45

（7）将三角形、矩形和文本组合成一个对象，然后在其右侧输入"源于丰镇西平安街
'玫瑰香干货铺'"文本，并应用"项目符号"段落样式，如图 10-46 所示。

（8）将组合对象和其右侧的文本复制一份，修改年份数字为"1989"，修改右侧的文本
为"海鹏糕点门市部成立"，如图 10-47 所示。

图 10-46

图 10-47

（9）输入"查看更多"文本，设置文字格式为"微软雅黑，18 pt"，文字颜色为黑色，如图 10-48 所示。

（10）重复该操作，制作其他年份的内容，如图 10-48 所示。

（11）在画面上方中间位置输入"发展历程"文本，并应用"标题 1"字符样式，如图 10-49 所示。

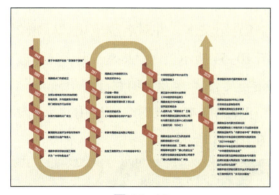
图 10-48

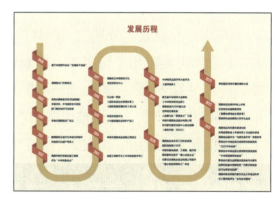
图 10-49

6. 制作产品展示内容

（1）新建一个画板，置入"t1.png"和"t2.png"文件（素材/项目 10/"t1.png""t2.png"），调整大小和位置，如图 10-50 所示。

（2）置入"奖章.png"文件（素材/项目 10/"奖章.png"），调整大小，并将其移动到左侧图形的左上角，如图 10-51 所示。

图 10-50

图 10-51

（3）在奖章图形右侧输入标题文本和介绍文本，并对标题文本应用"标题 2"字符样式，对介绍文本应用"正文 2"段落样式，如图 10-52 所示。

（4）在右侧图形的右上角输入该产品的名称和介绍文本，并分别应用"标题 2"字符样式和"正文 2"段落样式，如图 10-53 所示。

图 10-52

图 10-53

（5）新建一个画板，置入"t3.png"和"t4.png"文件（素材 / 项目 10/ "t3.png" "t4.png"），调整大小和位置。分别输入两款产品的名称和介绍文本，并对名称应用"标题 2"字符样式，对介绍文本应用"正文 2"段落样式，如图 10-54 所示。

（6）新建一个画板，置入"t5.png"和"t6.png"文件（素材 / 项目 10/ "t5.png" "t64.png"），调整大小和位置。分别输入两款产品的名称和介绍文本，并对名称应用"标题 2"字符样式，对介绍文本应用"正文 2"段落样式，如图 10-55 所示。

图 10-54

图 10-55

（7）将文件保存为"海鹏食品 .ai"（效果 / 项目 10/ "海鹏食品 .ai"），完成本项目的制作。

<<< KEHOU LIANXI
>>> **课后练习**

本练习要求制作"悦居地产"画册（图 10-56）。整个画册共有 6 个画板。第 1 个画板 1 是封面与封底的组合。封面以纯净白色为基调，中央巧妙融合多个聚合图形与 3 张精选房产照片，下方为企业名称。封底以企业标志的主题色作为背景，在中心位置嵌入二维码。左下角详细列出企业名称、联系电话、电子邮箱、地址及官方网址等信息，以便顾客联系与查询。第 2~6 个画板分别展示企业简介、企业文化、工程案例、资质荣誉以及未来展望。每一画板均以白色为主体背景，衬托出大幅高清照片的细腻与真实，同时以不同大小的几何图形为点缀，以增添现代感与动感（素材／项目 10／"f1.png"~"f15.png"、效果／项目 10／"房地产 .ai"）。

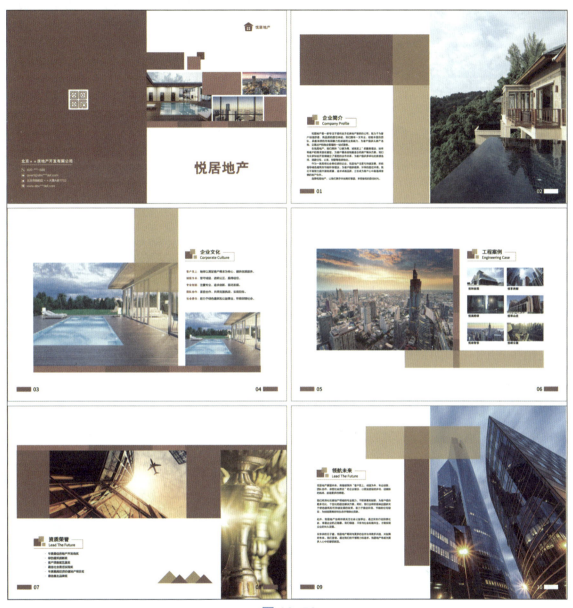

图 10-56

画册的概念、分类及设计要点

1. 画册的概念

画册作为企业与外界沟通的桥梁，承载着展示企业形象和产品的重任。它不仅是一本简单的印刷品，更是企业文化和价值观念的载体。通过精美的图片和富有感染力的文字，画册能够向外界展示企业的独特魅力和核心竞争力，进而提升企业的知名度和影响力，如图 10-57 所示。

图 10-57

2. 画册的分类

根据不同的行业特点和宣传目标，画册可以分为多种类型，每种画册都具有不同的使命和风格，为企业、文化、旅游等领域带来独特的魅力。

1）商业宣传画册

商业宣传画册是企业向外界展示自身产品和服务的重要窗口。它强调商业价值和市场定位，通过精美的图片和简洁的文字，将企业的核心竞争力和品牌形象传递给目标客户。无论是高端奢侈品还是日常消费品，商业宣传画册都能有效地提升企业的知名度和吸引力，帮助企业在激烈的市场竞争中脱颖而出，如图 10-58 所示。

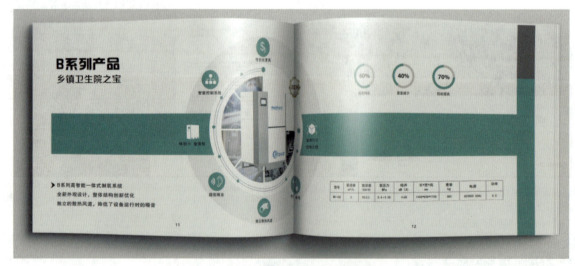

图 10-58

2）文化宣传画册

文化宣传画册更多地关注企业文化和历史传承。它通过深入挖掘企业的文化底蕴，展现企业的精神风貌和价值观念。文化宣传画册通常设计精美，内容丰富，既有历史的厚重感，又有现代的时尚气息。它不仅能够增强员工的归属感和自豪感，还能吸引外界的关注和认可，为企业树立良好的社会形象，如图 10-59 所示。

图 10-59

3）旅游宣传画册

旅游宣传画册以其精美的图片和生动的描述，成为吸引游客的重要工具。它展示了旅游目的地的自然风光、人文景观和特色文化，让游客在翻阅的过程中就能感受到旅游目的地的魅力。旅游宣传画册通常色彩鲜艳、设计新颖，能够迅速抓住游客的眼球，激发他们的旅游欲望，如图 10-60 所示。

图 10-60

4）文艺宣传画册

文艺宣传画册主要聚焦艺术领域，展示企业的艺术追求和创作成果。文艺宣传画册汇集了众多艺术家的精美作品，向外界展示企业的艺术品味和文化底蕴。文艺宣传画册不仅具有极高的艺术价值，还能提升企业的品牌形象，吸引更多志同道合的合作伙伴和观众，如图10-61所示。

图 10-61

3. 画册的设计要点

设计一本优秀的画册，需要注意以下几个要点。

（1）主题明确：在设计之初，要明确画册的主题和目标受众，确保所有设计元素都围绕主题展开，从而增强画册的针对性和吸引力。

（2）行业特色：画册应该能够反映企业所在行业的特色，使读者一眼就能感受到企业的行业属性和专业性。

（3）精美版式：版式是画册的骨架，精美的版式能够提升画册的整体质感，使画册的内容更加清晰易读。

（4）色调与图片：整体色调的选择应该与设计主题协调，同时图片风格要统一，画质要清晰，以展现企业的专业性和高品质追求。

（5）印刷与装帧：在预算范围内，要选择高质量的印刷工艺和精美的装帧方式，确保画册的印刷效果和质感都能达到最佳状态。